国家科学技术学术著作出版基金资助出版

养老设施建筑设计详解 3（上卷）

Design and Interpretation of Elderly Care Facility

周燕珉 等著

中国建筑工业出版社

图书在版编目（CIP）数据

养老设施建筑设计详解 = Design and
Interpretation of Elderly Care Facility. 3. 上卷 /
周燕珉等著. —北京：中国建筑工业出版社，2020.9
　　ISBN 978-7-112-25432-3

　　Ⅰ.①养…　Ⅱ.①周…　Ⅲ.①老年人住宅—建筑设计
Ⅳ.①TU241.93

　　中国版本图书馆CIP数据核字（2020）第170982号

　　责任编辑：费海玲
　　责任校对：焦　乐

周燕珉工作室微信

养老设施建筑设计详解 3（上卷）
Design and Interpretation of Elderly Care Facility
周燕珉　等著
*
中国建筑工业出版社出版、发行（北京海淀三里河路9号）
各地新华书店、建筑书店经销
北京雅盈中佳图文设计公司制版
北京富诚彩色印刷有限公司印刷
*
开本：787毫米×1092毫米　1/12　印张：17¹/₃　字数：303千字
2020年9月第一版　2020年9月第一次印刷
定价：**138.00**元
ISBN 978-7-112-25432-3
（36421）

前 言

2018 年 4 月，我们出版了《养老设施建筑设计详解》的第 1 卷和第 2 卷，将二十余年来在养老设施建筑设计方面的研究成果和实践经验与读者分享。令人可喜的是，图书出版后引发了设计师、开发商、运营方等群体的高度关注和热烈反响，在短短 2 年的时间里，已印刷 3 次，总印数达 1.36 万册。

两年间，我们收到了不少读者的来信和留言。他们普遍对第 1、2 卷内容给予了高度评价，认为这本书实用性很强，正是目前市场上所迫切需要的。一些设计师表示，这本书图文并茂，资料专业翔实，适合作为初学养老设施建筑设计时的手边工具书，做设计时可以边看边学边做。一些地产开发行业的读者表示，这本书有助于他们加深对客户需求的理解，做好前期策划，更好地把控项目设计质量。还有不少养老设施的运营管理者也阅读了这本书，他们表示虽然自己并非建筑相关专业，但书的内容深入浅出，有助于加深他们对设施建筑空间的理解，使他们能够更好地与设计师进行沟通。此外，一些读者反映，在他们的实践当中，清洁间、厨房、员工宿舍等辅助空间，以及养老设施中的医疗空间、认知症老人照料环境等常常是设计的难点，特别希望了解相关知识，期待我们继续著述。

读者们的热情反馈让我们备感荣幸，这既是对我们的肯定，也是对我们的鞭策，给我们继续编写这一系列图书的动力。《养老设施建筑设计详解》前两卷的编写受到时间精力限制，所涵盖的内容有限。对于其中未涉及的空间，我们还需要进行更多、更深入的调研，因此我们将相关内容规划到了下一个出版周期。早在第 1、2 卷完稿后，我们就启动了第 3 卷的策划和编写工作，组织数十人的编写团队，积极开展资料收集和调查研究工作。编写期间，团队定期召开例会，总结交流相关知识，梳理编写思路，分享写作心得体会，在这个过程当中，每个人的综合能力都得到了提升。

编写过程中我们也遇到了不少的困难和挑战。与第 1、2 卷相比，第 3 卷的内容复杂度更高，涉及建筑设计与结构、设备以及运营管理、医疗康复等专业间的配合，编写难度更大。例如，本书第一章所涉及的辅助服务空间大多是平时难以调研到的"后台"空间，它与养老设施的运营管理关系密切，是设计中最关键，也是最容易被忽略的地方。此前，编写团队虽然已经意识到辅助服务空间的重要性，但了解较为有限。为写好这部分内容，我们努力寻找调研条件，到全国各地不同类型的养老设施中进行调研和访谈。在这一过程中，我们得到了很多养老设施管理者和一线工作人员的大力支持，让我们进入"后台"区域，在不影响日常运营的前提下对空间使用现状、员工工作情况进行拍照和记录。一些设施还给我们提供了做义工的机会，使我们通过亲身的体验更加深入地理解了养老设施的运营情况和空间需求。在编写认知症照料环境一节时，我们采用蹲点观察的方式，仔细记录和分析认知症老人的行为特征和空间需求。由于国内相关研究尚处于起步阶段，我们还查阅了大量外文文献，并面向十余位来自建筑设计、运营管理、认知症照护、医疗康复等不同专业背景的专家学者征求意见。在综合多方面资料的基础上，相关内容才得以成型。

写书期间，我们还组织了多次出国考察，赴日本、美国、德国、荷兰、丹麦、瑞士、澳大利亚等国家调研当地优秀的养老项目，并有机会与海外高校知名学者、行业专家、运营公司及设计团队进行面对面的深入交流。这些经历不仅让我们学习到许多先进的设计及服务理念，也使我们对国内外的发展差异及背后原因有了更切身的体会和深刻的认识。编写团队将这些收获和感悟纳入书籍内容中，希望能给国内读者提供多层次的视角。

为保证本书内容质量，编写期间团队成员持续通过实地调研、专家咨询、内部审读等方式反复求证，对全书内容进行了十余轮的推敲、修改和完善，以提升内容的严谨性、准确性、适用性和易读性，避免产生歧义、造成误导。

在本书的编写过程当中，我们经历了突如其来的新冠肺炎疫情。一方面，疫情在国内外养老设施当中蔓延的消息牵动着我们的心，作为养老设施建筑设计的研究者与实践者，我们立刻行动起来，通过建筑设计手段为养老设施的疫情防控贡献力量，期间形成的部分研究成果也纳入了本书当中。另一方面，疫情改变了我们原本的工作状态，也给图书编写工作的开展带来了新的挑战。疫情期间，编写团队充分利用居家办公的时间，积极推进图书编写工作，创新工作方式方法，通过召开线上会议讨论图书稿件，利用网络硬盘共享文件资料，借助云端办公软件实时更新进度，保障了编写工作的顺利进行。从最后的成果来看，疫情不但没有耽误图书编写的进度，反而推动了工作模式的转型升级，提升了编写的质量和效率。通过现代化的通信手段，编写团队成员之间的交流协作变得更加紧密，虽然我们彼此身处不同的空间，但依然能够感受到所有成员团结一心、共同奋斗的精神和力量，相信这段非同寻常的宝贵经历一定会令我们一生难忘。

经过两年多的努力，《养老设施建筑设计详解》第3卷终于得以与读者见面。第3卷的关注对象依然是面向老年人提供照料服务的设施，更加侧重带有入住功能的全日照料设施。相较于第1、2卷，第3卷既有传承，又有创新。第3卷沿用了"一页一标题"的排版方式，通过图文并茂的形式对内容进行呈现，以保证读者翻到任何一页都能开始阅读，且仅浏览标题和图表即可把握该页的主旨大意。文字表述注重阐明设计思路，提供切实有效的设计建议，以帮助读者"知其然，更知其所以然"。在继承前两卷优良传统的基础上，第3卷还充分考虑了最新修编的建筑设计规范要求，在给出的图纸当中对相关技术要点进行了呼应。更加注重设计建议落地的可行性，兼顾各个利益相关方的诉求，统筹考虑建筑局部与整体的关系，关注建筑坪效，提供更多适用于中、小型养老设施的设计案例，以期对实际项目起到更好的指导作用。

全书共30余万字、近千张插图，分为上、下两卷。

上卷为"设计篇"，主要探讨了辅助服务空间设计、医疗康复空间设计和室外环境设计方面的相关内容。其中，辅助服务空间是养老设施的后勤中枢，关乎运营服务的质量和效率，但由于设计师对这些空间缺乏充分理解，在方案设计当中常常重视不足，希望本书第一章能够增进读者对辅助服务空间需求的认识。"医养结合"是近年来我国养老设施发展建设的重要趋势，越来越多的养老设施开始提供医疗康复服务，但在相关功能空间的配置与设计方面，尚不具备成熟经验，导致在运营当中出现了诸多不适用的问题，希望本书第二章能够为医养结合型养老设施的设计提供参考。室外环境是养老设施入住老人接触自然的重要渠道，营造适老化的室外环境不但有利于丰富设施的空间层次，而且能够为有益的室外活动创造条件，促进老年人的身心健康，希望本书第三章能够助力建筑师为养老设施打造宜人的室外环境。

下卷为"专题篇"，我们选取了建筑技术、建筑构件、认知症照料环境设计和创新设计理念等四个专题进行了深入具体的讨论。其中，第四章建筑技术专题重点关注以下几个议题：如何做好防火疏散设计确保老年人生命安全，如何组织建筑结构满足养老设施舒适、经济、灵活的空间需求，如何营造宜人的室内物理环境，如何利用智能化设备提升设施运营服务效率、改善老人居住生活品质。第五章建筑构件专题则选取了养老设施当中最为重要的门、窗、扶手等三类建筑构件，对其选型和设计要点进行了深入分析。认知症老人是养老设施的重点服务对象之一，打造适宜的认知症照料环境有助于降低认知症老人的照护难度，改善他们的生活品质，希望本书第六章认知症照料环境设计专题能够为专业认知症照料设施的发展建设提供参考。一些发达国家和地区在养老服务设施建设方面起步较早，在长期的实践当中发展形成了先进的设计理念，本书第七章创新设计理念专题从三个角度对相关理念进行了解读，并对其在建筑空间环境设计方面的具体体现进行了分析。

就此，《养老设施建筑设计详解》系列图书（卷1、卷2、卷3）基本形成了相对完整的养老设施建筑设计知识体系：

背景篇	卷1第一章	中国老年建筑的总体情况
	卷1第二章	中国老年建筑的发展状况与方向
策划篇	卷1第三章	项目的全程策划与总体设计
设计篇	卷1第四章	场地规划与建筑整体布局
	卷1第五章	居住空间设计
	卷2第一章	公共空间设计
	卷3第一章	辅助服务空间设计
	卷3第二章	医疗康复空间设计
	卷3第三章	室外环境设计
专题篇	卷3第四章	建筑技术专题
	卷3第五章	建筑构件专题
	卷3第六章	认知症照料环境设计专题
	卷3第七章	创新设计理念专题
案例篇	卷2第二章	典型案例分析

受到编写时间的限制，有关养老设施建筑室内设计的相关内容还尚未系统涉及，仅对其中与建筑设计密切相关的部分进行了讨论，如有机会还将继续著述。

近年来，养老设施的发展可谓日新月异，无论是建筑设计水平还是运营服务理念都在快速进步，尽管编写团队已经在内容当中尽可能展现了目前国内外较为先进的设计理念和发展趋势，力求体现前瞻性，但仍难免存在疏漏之处，还望广大读者多多指正，我们将在本系列图书再版时进行修改和完善。

在本书出版之后，编写团队将继续致力于老年建筑空间环境的学术研究和设计实践，为我国老年宜居环境的发展建设和广大老年人的生活福祉贡献力量。

2020年于清华园

本书著者及工作团队

总撰写人及统稿人：周燕珉　秦　岭　林婧怡

各章统稿人和各节撰写人员名单：

第一章	辅助服务空间设计	陈　瑜
第 1 节	辅助服务空间设计概述	李广龙
第 2 节	办公管理空间	李广龙
第 3 节	厨房	袁　方、赵亚娇、陈　瑜
第 4 节	洗衣空间	王元明
第 5 节	组团辅助服务空间	王元明
第 6 节	员工生活空间	李广龙
第 7 节	其他辅助服务空间	王元明
第二章	**医疗康复空间设计**	**秦　岭**
第 1 节	医疗康复空间设计概述	秦　岭
第 2 节	医疗空间	秦　岭、梁效绯
第 3 节	康复空间	秦　岭
第三章	**室外环境设计**	**李广龙、李佳婧**
第 1 节	室外环境设计概述	陆　静
第 2 节	室外环境设计要点	李广龙
第 3 节	屋顶花园	陈　瑜
第 4 节	长友养生村室外环境设计实例分析	王墨涵
第 5 节	优居壹佰养生公寓室外环境设计实例分析	王墨涵

相关工作参与人员名单：

版式和封面设计：王墨涵

内容审查与修订：秦　岭、林婧怡、陈　瑜、王元明、李佳婧、王春彧、张昕艺、范子琪、丁剑书、梁效绯、李广龙

资　料　收　集：许　嘉、李　辉、丁　佳、朱志华、贺　馨、马晓临、武昊文

辅　助　制　图：张昕艺、范子琪、曾卓颖、梁效绯

目　录

第二章 医疗康复空间设计

第一章
辅助服务空间设计

CHAPTER.1

第 1 节

辅助服务空间
设计概述

辅助服务空间的分类及重要意义

▶ 整体研究说明及辅助服务空间的分类

在本系列图书《养老设施建筑设计详解》第1、2卷中，我们已经分别对养老设施居住空间和公共空间的设计进行了阐述，本章我们将在此基础上继续探讨为上述空间提供服务支持的辅助服务空间。

养老设施中的辅助服务空间是指员工进行办公管理、后勤服务、就餐住宿等工作与生活行为所需要的支持性空间。

基于对国内外养老设施的调研，本书将养老设施的辅助服务空间划分为六类（图1.1.1）。本章后续六节将依次对这些空间进行详细阐述。

▶ 辅助服务空间的重要意义

以往在养老设施的设计与调研工作中，我们往往更加重视老年人使用的空间，而容易忽略员工使用的空间。例如，调研养老设施时，我们会更加关注与老年人有关的公共空间和居住空间，而对辅助服务空间没有考虑，缺乏认识。由此可能导致辅助服务空间在设计中出现配置不足、流线混乱等问题，给运营造成影响。

实际上，养老设施中的辅助服务空间就像是支持一台机器高效运转的重要配件。辅助服务空间配置设计得当，有利于各项管理与服务工作便捷、顺利地开展，最终提高老年人的满意度。例如，行政管理人员所使用的办公管理空间相对集中，并靠近老年人的生活区域布置，则会利于员工之间沟通协作，及时、高效地为老年人提供面对面的服务。

此外，养老设施中的员工数量较多。根据调研，一个中等规模（200~300床）的养老设施员工总数可能达到100人左右。他们除了工作外，还有各项日常生活需求，例如就餐、住宿、活动等。辅助服务空间配置相应的支持性空间，可以为员工长期工作的积极性、稳定性提供保障（图1.1.2）。

因此，做好辅助服务空间的设计是十分重要的，对于养老设施运营意义重大。

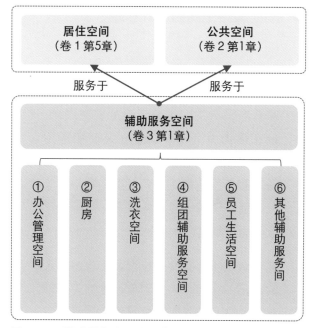

图1.1.1　辅助服务空间的分类及其与居住空间和公共空间之间的关系

图1.1.2　需重视养老设施员工的工作与生活需求（如图中所示的日常就餐），配置相应空间

辅助服务空间的设计思路和配置建议

▶ 辅助服务空间的设计思路

① 让员工"生活在老年人中间"

让员工"生活在老年人中间"是发达国家普遍倡导的一种养老设施服务理念，旨在强调员工不能仅坐在办公室里工作，更应走到老年人身边提供服务。即便是养老设施的院长，也要经常与老年人见面，了解一线服务情况，倾听老年人的意见和建议。

这种做法不但有助于拉近员工与老年人的距离，让老年人感到自己更加受到尊重和关注，而且能有效促进各项服务工作的开展。因此，在辅助服务空间设计中也要充分贯彻这一理念。

② 注重节约设施人力成本

养老设施运营成本中人力成本占比很大，在保障服务质量的前提下，一般会采用一人身兼数职的方式完成相应的工作，以利于降低成本，提高运营效益。

合理的辅助服务空间设计能够促进员工间的协作，提高服务效率，节约人力成本。例如，组团辅助服务空间应与老年人活动空间尽量接近，使员工在处理后勤事务的同时也能及时为老年人提供服务；门厅服务台与值班管理室宜邻近设置，便于服务人员兼顾接待与管理工作。

③ 将运营方的意见作为设计依据

不同养老设施的运营服务模式存在较大差异，例如在护理员排班方面，有的设施是两班倒，有的则是三班倒；在洗衣方面，有的设施是全部在设施内解决，有的设施则是将大件布草外包洗涤。

适用于不同工作模式和服务方式的辅助服务空间设计存在较大差异，因此在设计之初需要详细了解开发方、运营方的运营服务计划和对辅助服务空间的具体要求，以此作为配置辅助服务空间的依据，才可能设计出符合实际运营需求的辅助服务空间。

▶ 养老设施中常见的六类辅助服务空间及相关配置建议

养老设施中的辅助服务空间分类及配置建议　　　　　　　　　　　　　表 1.1.1

辅助服务空间类别	所含功能空间及配置建议 （其中加粗字体表示常配空间，普通字体为选配空间）
① 办公管理空间	供全院使用的**大办公室、小办公室**（用于院长、财务办公）、**门厅值班管理室**、会议室、档案室、监控室、洽谈室、接待室、门卫（保安）室、社工室及其他办公管理配套空间（如办公区茶水间、休息室、卫生间、清洁间）等
② 厨房	**集中厨房及配套空间**（如储藏间、办公室、卫生间等）
③ 洗衣空间	**集中洗衣及配套空间**（如晾晒空间、储藏间等）
④ 组团辅助服务空间	供居住组团使用的**护理站、护理站管理室、储藏间、无障碍卫生间、清洁间**、组团（小型）洗衣及晾晒空间、备餐间、助浴间（组团浴室）、污物间、员工卫生间等
⑤ 员工生活空间	**员工宿舍、员工卫浴空间**（含更衣、卫浴、洗晾衣等功能）、员工餐厅、员工活动区、员工茶水区、员工休息室等
⑥ 其他辅助服务空间	**库房、垃圾房、公共卫生间**等

注：表中内容为根据调研经验提供的参考建议。其中，加粗字体所示的"常配空间"是指一般情况下大部分养老设施均会配置的功能空间；其他空间则为"选配空间"，可根据养老设施的类型、规模和运营差异而进行选择性配置。具体项目设计过程中，还需结合实际需求确定辅助空间配置。例如，部分设施可能会外包餐饮和洗衣服务，这种情况下就不必在设施内配置完整功能的厨房和洗衣空间；又如，员工不留宿在设施内时，则无须设置员工宿舍等。

辅助服务空间的整体布局

▶ 辅助服务空间布局基本规律

根据调研，各类辅助服务空间会在养老设施中分为几个片区"成块"布置（具体详见本章后续各节内容）。这样可以避免辅助服务空间与其他空间过多地产生流线和使用上的交叉，也利于员工相对集中地开展各项工作。当然，也有部分辅助服务空间（如门卫室、卫生间等）会分散、灵活地布置在所需要的位置。

▶ 辅助服务空间分区布置示意

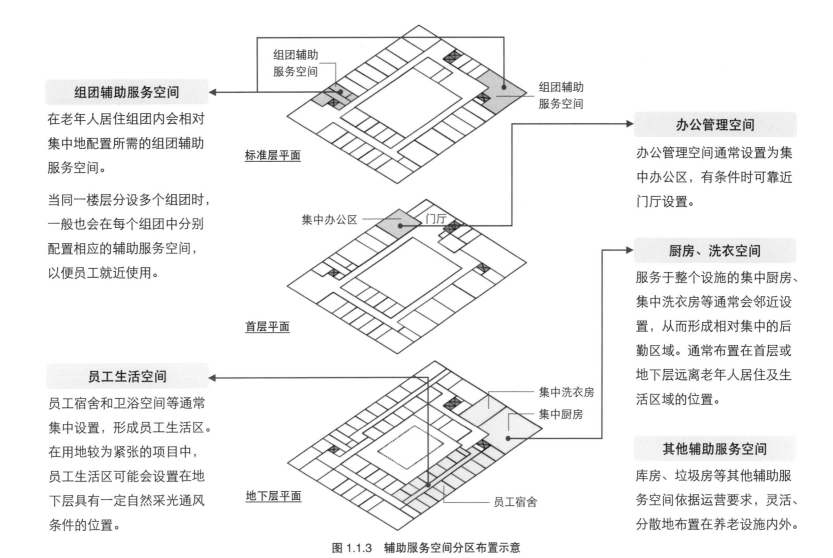

组团辅助服务空间

在老年人居住组团内会相对集中地配置所需的组团辅助服务空间。

当同一楼层分设多个组团时，一般也会在每个组团中分别配置相应的辅助服务空间，以便员工就近使用。

办公管理空间

办公管理空间通常设置为集中办公区，有条件时可靠近门厅设置。

厨房、洗衣空间

服务于整个设施的集中厨房、集中洗衣房等通常会邻近设置，从而形成相对集中的后勤区域。通常布置在首层或地下层远离老年人居住及生活区域的位置。

员工生活空间

员工宿舍和卫浴空间等通常集中设置，形成员工生活区。在用地较为紧张的项目中，员工生活区可能会设置在地下层具有一定自然采光通风条件的位置。

其他辅助服务空间

库房、垃圾房等其他辅助服务空间依据运营要求，灵活、分散地布置在养老设施内外。

图 1.1.3　辅助服务空间分区布置示意

附：养老设施员工配置的一般规律

▶ 养老设施中常见的员工配置架构

经过大量的调研，发现在不同的养老设施中，员工岗位设置及人数配置差异较大，并且会对辅助服务空间配置带来显著影响，因此需要在设计时予以重视。例如，有的养老设施将物业整体外包，无须单独设置物业管理部门及相应的空间；有的养老设施可能设置多个部门，由多位主管人员分管行政、医护、餐饮等工作，分别需要相应的空间支持。图 1.1.4 以国内大中型养老设施（300~500床）为例，展示了常见的员工配置架构，供读者参考。

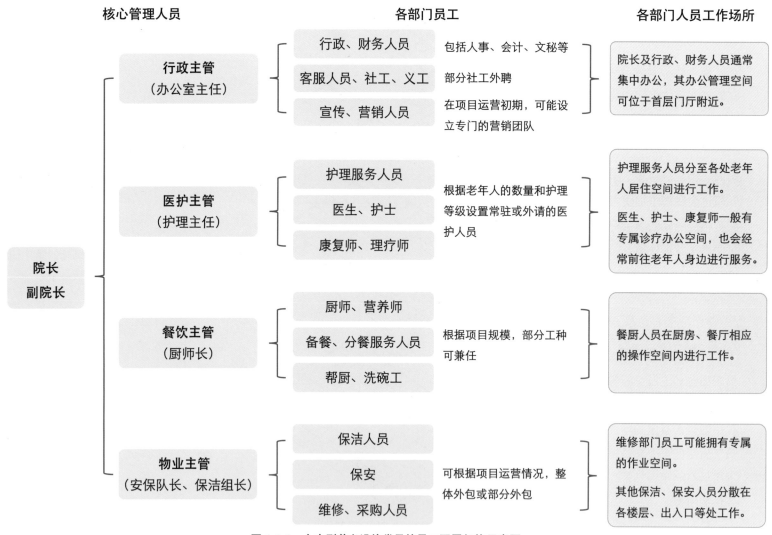

图 1.1.4　大中型养老设施常见的员工配置架构示意图

养老设施的员工配置数量统计

养老设施配置的各类员工数量与辅助服务空间设计密切相关，并且在设施运营的过程当中，员工配置状况会随入住老人数量及其身体状况的变化而呈现动态变化，因此对于设计师而言，有必要在设计之初了解养老设施员工配置的相关信息，并掌握其中的基本规律。表 1.1.2 展示了北京市 7 家养老设施在调研时点的基本情况和员工配置状况，供读者参考。

北京市 7 家养老设施的员工配置数量　　　表 1.1.2

设施编号	总床位数	实际入住老年人数量	服务对象特征	员工配置总数	院长/副院长	行政/财务/社工/营销人员	护理服务人员	医护/康复人员	餐厨人员	物业人员
A	469	197	自理 + 护理	109	3	12	45	15	17	17
B	200	160	自理 + 护理	66	2	4	40	3	8	9
C	190	140	自理 + 护理	61	1	6	26	2	15	11
D	166	124	护理	54	2	3	40	1	8	
E	65	65	护理	22	1	2	14	1	3	1
F	56	52	护理	13	1	2	8	1	1	0
G	37	37	护理	32	1	2	21	0	5	3

养老设施员工数量配置规律小结

综合上述数据及以往调研经验，总结出了以下几条有关养老设施员工总数和各工种员工数量的规律，可供设计师在估算设施员工数量和辅助服务空间需求时参考。

① 全部员工

养老设施全部员工总数与实际入住老年人的数量之比，大多在 1：2 到 1：3 之间。

② 行政管理人员

院长及各类行政管理人员在小型养老设施（100 床以下）一般为 3 人左右，中型养老设施（100~300 床）为 5~7 人，大型养老设施（300 床以上）为 10 人以上。

③ 护理服务人员

大中型养老设施以半自理老年人为主要服务对象时，护理服务人员与入住老人数量之比为 1：4 左右。以全护理和失智老年人为服务对象时，护理人员配比会提高至 1：1.5 到 1：2。

④ 医护人员

小型养老设施通常不会配置专职的医护人员，或仅配置 1 位医护人员，大中型设施根据实际的医疗服务需求，可能配置 2~3 位常驻的医护人员。

⑤ 餐厨及物业人员

餐厨及物业人员数量，在不同的养老设施中因餐饮业务、物业管理是否外包而存在较大差异，需在实际项目中具体分析。

第 2 节

办公管理空间

办公管理空间的常见设计问题

▶ 办公管理空间的三类典型设计问题

本节所讲的办公管理空间，主要指养老设施院长、各部门主管等行政管理人员的日常办公空间，以及维修、安保人员等后勤服务人员的工作空间及值班用房，具体包括院长室、财务室、各类办公室、接待室、洽谈室、门卫室等[1]。在一些养老设施建筑设计项目中，由于设计人员对其中员工的工作模式和空间需求缺乏深入细致的了解，常常出现以下几类典型的设计问题。

▷ 问题① 办公空间与老年人生活区过于"分离"

在养老设施当中，大多数工作人员都需要在老人居室、公共活动区、服务台等空间直接面向老年人、家属以及参访者提供服务，而非一直坐在办公室当中工作。然而，一些设计师并没有意识到养老设施办公模式的这一特征，仍按照惯常思路将办公空间集中设置在地下层或独立办公楼内，远离老年人的居住生活空间，这种空间上的"分离"影响了工作人员为老年人提供服务的及时性和便利性。

▷ 问题② 办公空间划分较小，相互独立

受传统办公楼空间形式的影响，不少设计将养老设施中的办公空间划分成一间一间独立办公室的形式。这种空间形式虽然具有较好的私密性，却不符合养老设施需要经常交流协作的日常工作模式，并且较为浪费面积（图1.2.1）。

▷ 问题③ 办公空间采光通风条件不佳，缺乏人性化考虑

为了给老年人用房争取更好的自然通风采光条件，设计时往往需要员工的办公空间让位于老年人的居住生活空间，布置在相对不利的位置。这时，如果没有为这些办公管理空间争取一定的采光通风条件，使其成为"黑房间"，对员工的身心健康是十分不利的（图1.2.2）。

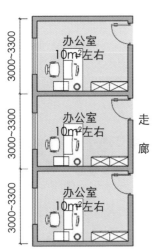

图 1.2.1 办公空间全部设置成小房间的形式，不利于员工相互沟通

图 1.2.2 在没有采光通风的办公空间工作会让员工感到憋闷、压抑

---

1 医护办公室、理疗师/康复师办公室、厨房办公室、护理站管理室等分别在本书医疗康复空间、厨房、组团辅助服务空间等章节中进行讲解，本节不再赘述。

办公管理空间的设置原则

▶ 办公管理空间的四条基本设置原则

养老设施当中的办公管理空间设计应充分匹配养老设施的建筑空间特征和员工服务模式，根据不同工种的工作内容和空间需求，为相应的办公管理空间选择适宜的位置和空间形式。总体而言，应注重以下四条基本原则。

▷ 原则① 临近"被服务"的空间和人群

在养老设施当中，院长、行政、财务、营销、社工等都需要直接面向老年人和来访者提供接待咨询、活动组织、费用收缴、心理疏导等服务。

为便于开展相关工作，提高服务效率，应尽可能将相关的办公管理空间设置在靠近老年人和来访者主要出入和活动的区域。例如，营销人员的办公空间需要临近门厅和洽谈区，以方便他们及时接待来访的老年人及其家属，与他们进行沟通和洽谈。财务人员虽然需要独立的财务室，但同样需要经常处理老年人的各类缴费工作，因此办理相关业务的地点（如财务室或收银处）也应设置在老年人经常路过的位置。

▷ 原则③ 创造舒适的工作环境

养老设施员工的工作强度普遍较大，为了避免员工在工作过程中出现不适，办公管理空间的设计应尽可能为员工营造舒适的工作环境。

一方面，办公管理空间应具备舒适的物理环境，包括适宜的温度和良好的通风采光条件，以避免员工长时间工作产生憋闷感，或引发疾病。另一方面，办公管理空间设计应注意提供人性化的设施，有条件时，建议为员工设置休息室、茶水间、情绪宣泄室等空间，便于他们在工作间隙稍事放松、排遣压力。

▷ 原则② 便于员工之间的沟通协作

养老设施当中的员工需要密切地沟通协作，以便及时地共享老年人身体状况等重要信息，妥善应对随时发生的各种情况，合理安排任务分工，节约人力。

办公管理空间作为各工种的交集处，应尽可能采用相对开敞的空间，形成集体办公的形式，以鼓励他们交流工作、加强协作。此外，还可通过预留通道和观察窗，加强相邻空间之间的员工联系，例如在集中办公室和门厅服务台之间设置门和观察窗，方便两侧的工作人员及时沟通情况，兼顾彼此工作。

▷ 原则④ 注重空间的集约利用

通常情况下，养老设施的面积较为有限，在巨大的运营压力下，往往没有条件按照理想状态对办公管理空间进行设计，而是需要在诸多限制条件下满足运营和使用需求。

因此，在设计时，应注重空间的集约利用。可通过适当合并设置部分员工的办公管理空间，或分时利用同一空间等方式，在不影响服务质量和效率的前提下，尽可能地提高办公管理空间的利用率，节约办公管理空间面积，将有限的空间资源利用到更需要的地方。

集中办公区的位置选择

▶ 宜靠近门厅设置

养老设施门厅的人员出入较为频繁，员工需要进行的管理、服务和接待工作也较为繁多，设计时可将集中办公区靠近门厅或与门厅服务台结合设置，以便员工在办公时能够兼顾门厅的接待和咨询工作，起到节约人力和空间的作用。图 1.2.3 以一个设置在首层门厅附近的集中办公区为例，对其设计特点进行了分析。

集中办公区设置不同大小的办公室，分别用于不同功能

大办公室供行政、社工、营销人员集中办公，便于相互沟通；小办公室用于院长、财务单独办公，相对私密。

员工视线可兼顾门厅

大办公室布置在门厅服务台后方，并朝向门厅设置玻璃窗。员工在办公室内透过玻璃窗可以观察到门厅的情况，无须专门在服务台"坐班"，节约了服务的人力。

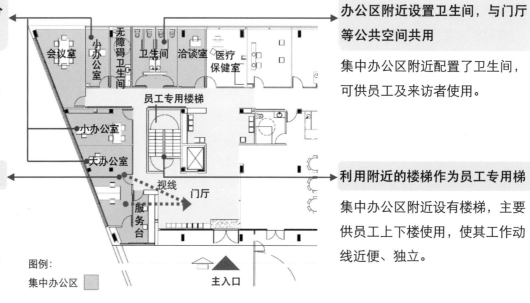

办公区附近设置卫生间，与门厅等公共空间共用

集中办公区附近配置了卫生间，可供员工及来访者使用。

利用附近的楼梯作为员工专用梯

集中办公区附近设有楼梯，主要供员工上下楼使用，使其工作动线近便、独立。

图 1.2.3　设置于首层门厅附近的集中办公区设计示例

▶ 设置在具备自然采光通风条件的位置

在选择集中办公区的位置时，需注意提供良好的自然采光通风条件，以保证员工办公时的舒适度，不宜将"黑房间"作为员工长时间办公的空间。

当受限于空间条件，不得不将办公管理空间置于地下层或采光条件不佳的位置时，应通过设置窗井、采光中庭、下沉庭院等方式，尽量改善其内部的采光通风状况（图 1.2.4）。

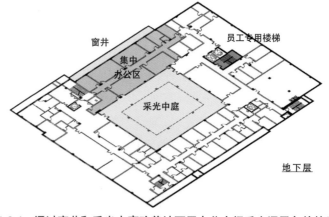

图 1.2.4　通过窗井和采光中庭改善地下层办公空间采光通风条件的示例

集中办公区的功能配置

▶ 集中办公区的功能空间配置及设计注意事项

表 1.2.1 以常见的中等规模（200~300 床）护理型养老设施为例，对其集中办公区的功能空间配置要点进行说明。通常情况下，这一规模的养老设施中需要集中办公的员工为 5~8 人，主要包括院长、财务、文秘、客户服务及接待人员等（可参见本章第 1 节"附：养老设施员工配置一般规律"）。

中等规模养老设施集中办公区功能空间配置建议及设计注意事项　　　　　表 1.2.1

空间名称	房间数量配置建议	房间面积指标建议	设计注意事项
大办公室	1 间	25~35m²/间	● 满足 3~5 名行政管理人员集中办公的使用需求，室内布局应相对开敞，便于员工相互沟通交流； ● 可考虑配置小型会议桌、复印机和打印机等家具设备； ● 与门厅服务台临近，并保持视线畅通，便于办公室内的员工兼顾对外服务
小办公室	2 间	10~15m²/间	● 满足院长、财务等人员对于专属、独立办公空间的需求； ● 可兼作存放档案资料的空间
会议室	1 间	15~35m²/间	● 满足院长和各部门主管人员召开会议、接待参访人员的空间需求； ● 空间不必过大，满足 10 人左右的会议需求即可；更大规模的会议可利用教室、多功能厅、公共餐厅等公共空间进行； ● 宜采用灵活可变、易于收纳的桌椅形式，以实现不同使用场景的灵活转换，满足会议、培训、活动等多功能的使用需求
办公配套空间	—	视具体情况而定	● 可根据需要利用走廊放大处或转角处灵活设置员工休息区（室）、员工茶水区（室）等空间； ● 有条件时，可在集中办公区附近设置员工卫生间。员工卫生间面积不必过大，为男、女员工各设 1~2 个厕位即可
合计	4~5 间	70~100m²（不含配套空间及交通空间面积）	

办公管理空间的设计要点①
大办公室、院长室、会议室

▶ **大办公室应满足多人办公的需求，空间适度开敞**

集中办公区的大办公室应能够容纳多人办公使用，其内部空间应相对开敞（图 1.2.5），除设置工位外，还应留出供员工交流、讨论的空间。大办公室与周边空间（如门厅、接待洽谈空间、员工休息区等）宜采用玻璃隔断分隔，便于员工观察和了解办公室外老年人活动的情况（图 1.2.6）。

▶ **院长室可设置接待功能**

养老设施院长有访客接待和员工谈话等需求，因此有条件时，院长室内可考虑布置一处接待空间（图 1.2.7）。

图 1.2.5 大办公室内部空间开敞，包含多个工位和讨论空间

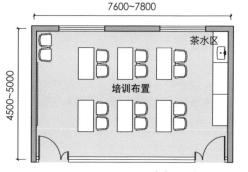

此处工位可根据需要用作员工讨论

玻璃隔断便于员工了解外部情况

饮水机
复印机
打印机

图 1.2.6 大办公室平面示例

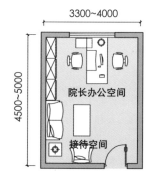

院长办公空间

接待空间

图 1.2.7 院长室平面示例

▶ **会议室应灵活可变、一室多用**

养老设施当中的会议室常用于举办讲课培训、集体会议、党政生活、小组座谈等各类中小型集体活动。为满足各类活动的空间需求，会议室应尽可能设计成标准的矩形空间，选用能够灵活移动、拼合的桌椅形式，以便适应不同的使用场景（图 1.2.8）。有条件时，应预留上下水点位，以增强空间的适用性。

对于面积较大的会议室，还可设置能够灵活移动的轻质隔断，以便实现空间的灵活划分，实现一室多用。

茶水区

培训布置

(a) 会议室用于讲课培训时的空间布局示例

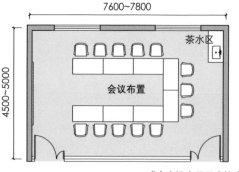

茶水区

会议布置

(b) 会议室用于会议座谈时的空间布局示例

图 1.2.8 会议室一室多用示例

办公管理空间的设计要点②

接待室、洽谈室

▶ 接待室、洽谈室可灵活选配

接待室：养老设施需要经常接待前来参观调研、评估检查等人员。这些人员可能会在设施中停留较长的时间。因此有条件时可设置专门的接待室，以便工作人员进行接洽，并可供来访人员等候休息（图1.2.9）。

为便于接待来访人员，接待室宜位于门厅附近。独立设置时，接待室面积宜为 $25\sim30m^2$，以满足十余人的接待需求。

设施面积有限时也可不设置专门的接待室，而是利用会议室、活动室等兼作接待空间。

洽谈室：除团队接待工作之外，养老设施也有小规模的接待和洽谈需求，例如会见家属、签署合同、调解纠纷等，都更加适合在相对独立的小空间当中进行（图1.2.10）。洽谈室面积以 $15\sim20m^2$、能够满足 $4\sim5$ 人座谈为宜。当没有条件设置专门的洽谈室时，也可在门厅或其他空间内划分一处相对私密的区域作为洽谈区。

▶ 接待室、洽谈室可合设，并考虑多功能使用

接待室和洽谈室的功能具有相似性，可考虑将二者结合设置，以提高空间使用率。

此外，接待室和洽谈室还可兼作其他的功能空间。例如附设儿童游戏区，当老年人的家人来访洽谈时，儿童可在一旁玩耍（图1.2.11）。又如洽谈室可与公共餐厅临近设置，必要时可用作餐厅包间（图1.2.12）。

图1.2.9　接待室空间示例　　　图1.2.10　洽谈室空间示例

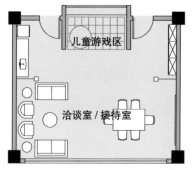

图1.2.11　接待室、洽谈室附设儿童游戏区

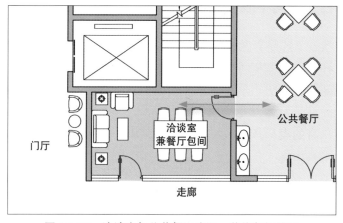

图1.2.12　洽谈室与公共餐厅连通，兼作包间使用

办公管理空间的设计要点③

门卫室、社工空间

▶ 门卫室功能可适当扩展

对于一些规模较大的养老设施，其院区出入口处会设置门卫（值班）室，对出入人员、车辆进行管理、登记。在满足这些功能的基础上，门卫室还可**扩展其他服务功能，成为院区主入口处的小型多功能"服务站"**（图1.2.13）。

① 门卫室可内设人员等候、通过空间

在一般的门卫室设计中，通常更多考虑的是保安值班管理的空间需求，而忽略了来访人员的体验，多数情况下来访人员需要站在室外与保安对话，遇到寒冷雨雪天气时非常不便。

有条件时，可将门卫室适当扩大，让来访人员能够进到室内进行登记和等候；门卫室空间宜同时对院区内外开门，以避免人员折返绕行。

② 门卫室附近可设卫生间

条件允许时，门卫室附近可设置卫生间，一方面可供保安、值班人员就近使用，以减少其因如厕而造成长时间离岗的隐患；另一方面也可供院区内户外活动的老年人及来访人员使用。

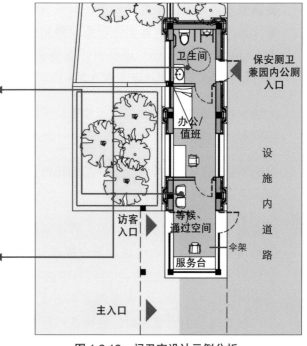

图 1.2.13 门卫室设计示例分析

▶ 社工空间不应忽略

社工工作是养老设施服务的重要内容。在许多规范标准中都对养老设施中的社工工作空间（图1.2.14）提出了具体的配置要求，在项目设计时应注意参考。

> **TIPS：北京市地方标准中对于社工空间的设计要求**
>
> 北京市地方标准 DB11/T 1121—2014《养老机构社会工作服务规范》第4条规定："个案工作房间应在 10~20m²，配备舒适的座椅、沙发和茶几，环境应相对私密，避免被干扰和打断。小组工作房间应在 30~40m²，应配备座椅、桌子、储物柜、黑板及多媒体设备。"

图 1.2.14 社工空间可与老人活动空间共用

办公管理空间的设计示例

▶ **结合门厅设置的集中办公区设计示例分析**

本示例为中等规模养老设施的集中办公区，布置在养老设施门厅服务台的后侧。其中配置了多人办公室、会议室、院长室、财务室、茶水间等空间（图1.2.15），总面积约74m²（不含门厅服务台、值班室、小卖部）。

大办公室可供多人集中办公使用

办公室内除布置一定数量的工位之外，还留出了适当的弹性空间放置小会议桌、复印机等家具设备。

会议室既可用于员工开会，也可用于接待来访人员

会议室既可从办公室进入，用于员工会议，也可从公共走廊进入，用于接待访客。

财务室独立设置且靠近走廊

财务室设为独立用房，入口位于办公室内部，以保证财务安全；面向走廊设置服务窗口，便于老年人及其家属缴纳费用及提供其他服务。

集中办公区设置专间作为院长室

大办公室与门厅服务台直接连通

大办公室朝服务台开门，并设置门和观察窗，便于办公室内的员工兼顾门厅的服务和管理。

办公室配置茶水区

办公室入口一侧设置台面和水池，员工可在此冲泡茶饮、清洁杯具等，也可为会议室、门厅的老年人服务。

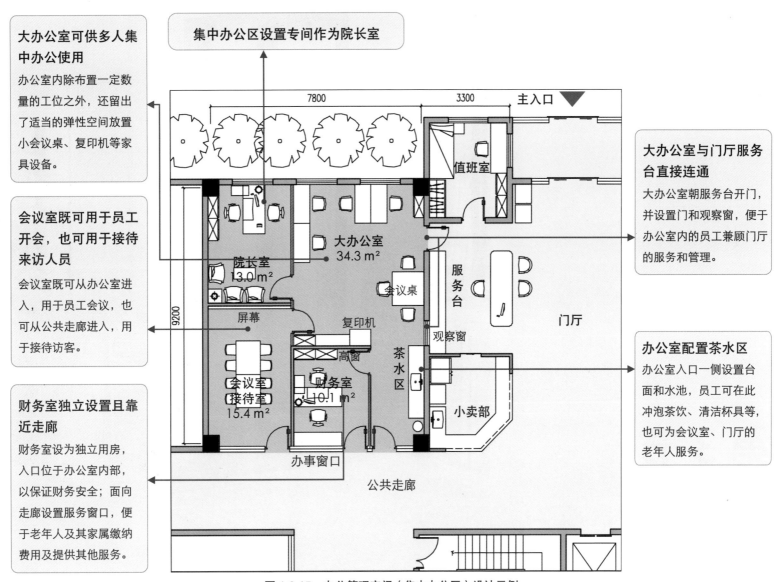

图1.2.15　办公管理空间（集中办公区）设计示例

第 3 节

厨房

养老设施厨房的特殊性

▶ 养老设施餐饮服务的特殊性及其对厨房设计的影响

养老设施的餐饮服务备受老年人关注,厨房作为餐食的加工制作空间,其设计质量直接关系到餐饮服务的品质和效率,需引起重视。

老年人的餐饮需求较为特殊,养老设施与一般集中住宿类建筑在餐饮服务方面有一定区别,对厨房的设计要求也存在差异。目前我国针对养老设施厨房的研究较少,也缺乏相应的标准规范或设计指南,不少建筑师在设计养老设施厨房时,常常参考类似建筑如酒店、食堂中的厨房设计标准,未考虑养老设施厨房的特殊性,导致建成空间与实际使用需求不符,造成使用不便。

表 1.3.1 归纳了养老设施餐饮服务的基本特征,这些特征会影响厨房的功能布局、设施配置和细节设计等方方面面,在设计厨房时需予以考虑。

养老设施餐饮服务的特征及对厨房设计的影响　　　　　　　　　　　　　　　　　　　表 1.3.1

养老设施餐饮服务的特征					对厨房设计的影响
就餐方式的特征	养老设施为老年人提供的就餐方式包括由服务人员协助分餐、老年人自助取餐及自由点餐等多种形式,以满足不同老年人在不同时间、不同场景下的就餐、聚会需求	协助分餐	自助取餐	自由点餐	不同的就餐方式会影响厨房配置的设备类型和数量。例如协助分餐形式的餐食需用大锅灶制作,而自由点餐则需用小锅灶;设施设备的大小和数量会进一步影响厨房的空间布局
就餐地点的特征	为便于不同身体条件的老年人就近便利地用餐,养老设施中的就餐地点一般包括公共餐厅、组团餐厅及老人居室等多个空间	公共餐厅	组团餐厅	老人居室	不同的就餐地点对应不同的送餐流线,需要一定数量的送餐工具(餐车),会对设施的交通组织和厨房的功能布局产生不同程度的影响
就餐人员的特征	养老设施中的就餐人员主要包括入住老人、员工、探访家属等,对外提供餐饮服务的设施还会加上外部人员。设施就餐人数在运营稳定期的工作日相对恒定,周末及节假日则受探访的影响呈现规律性变化	入住老人	员工	探访家属	每日相对稳定的就餐人员及数量,便于测算菜品量及餐具量,进而影响厨房储存加工空间、餐具收纳空间的规模,及其配置的设施设备数量
餐食的特征	老年人因身体原因对餐食的形式、品质和营养成分有一定要求,餐食表现为"分量小、花样多、需特殊加工"的特征,如糖尿病患者需进食无糖食物,咀嚼功能衰退的老年人需进食易吞咽的流食或半流食	分量小	花样多	需特殊加工	老年人餐食"分量小、花样多、需特殊加工"的特点,对厨房的备餐空间、洗消空间的规模,及特殊餐食加工设备的布置均有影响

养老设施厨房的常见类型

▶ **养老设施中常见的三类厨房**

根据功能定位及设置位置的不同，养老设施中的厨房可分为集中厨房、组团厨房或备餐空间、居室厨房或操作台三种类型（表 1.3.2）。本节主要探讨的是集中厨房。组团厨房及备餐空间详见本章第 5 节组团辅助服务空间设计的相关内容，居室厨房及操作台见本系列图书卷 1 第 5 章第 4 节老人居室的相关内容。

养老设施常见的三种厨房类型示例及其特征　　　　表 1.3.2

类别	集中厨房	组团厨房或备餐空间	居室厨房或操作台
平（剖）面示意	 F1 B1 集中厨房	 组团备餐空间	 居室厨房操作台
常见位置	多位于设施底层（地下层或近地面层）	位于居住组团公共空间	位于老人居室户内
主要功能	食材储存、处理与加工，餐食制作，备餐，餐具回收、洗涤、消毒、储存	简餐制作、餐食加热、备餐	简餐制作、餐食加热
服务对象	本设施的老年人、工作人员及外部人员（如有）	本居住组团的老年人，多为护理老人	本居室的老年人，多为自理老人
空间、设备属性	一般为封闭式集中燃气厨房	开放式简易电厨房	开放式简易电厨房
空间照片实例			

集中厨房的常见设计问题

▶ **养老设施集中厨房的常见设计问题**

养老设施集中厨房常见的三类设计问题　　　　　　　　　　　　表 1.3.3

问题1：功能配置不足	问题2：流线组织不合理	问题3：细节设计不到位
未设置充足的备餐分餐空间和台面 如前所述，老年人的餐食具有"分量小、花样多"的特点，备餐分餐时需要相对较大的台面。下图所示案例中，厨房未设置充足的备餐空间，给实际使用造成了不便	**内部流线冲突、洁污不分** 养老设施中的就餐地点较多，备餐、送餐、收餐等各种流线的组织难度较大。厨房内部常常出现公共餐厅送餐动线与各组团餐厅送餐动线冲突、洁污动线交叉等问题，影响了送餐效率，也无法保障卫生	**未考虑餐车的使用和停放需求** 养老设施大多需要用餐车运送食物，但一些设施在设计厨房时未事先了解餐车的数量、型号，也未预留相应的电源点位及停放空间，导致餐车充电、暂存、清洗不便，出现餐车堆放在厨房及走廊，阻碍交通等问题
 占用烹调区台面进行分餐，影响餐食正常制作	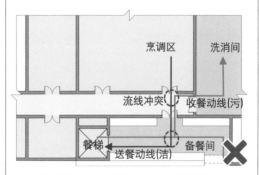 厨房送餐、收餐动线冲突，洁污不分	 餐车堆放在走廊，阻碍交通
未设置厨房员工休息空间 调研发现一些养老设施未在厨房内或临近厨房布置专门的员工休息空间，导致员工的个人物品无处存放，在非工作时间也无处休息，只能待在厨房操作区	**送餐流线过长、干扰公共空间** 一些养老设施的厨房与餐厅距离过远，导致送餐流线较长，降低了送餐效率并加大了餐食保温的难度；有的餐车还需穿越医疗区及活动区等公共区域进行送餐，对公共空间带来干扰	**未考虑特殊餐食的制作需求** 部分老年人需进食流食或鼻饲，餐食需要相应的设备进行加工处理。一些设施没有预先考虑设备的存放和使用空间，实际使用时只能找地方临时放置，带来使用不便和安全隐患
 厨房员工在非工作时间待在加工区，缺少休息空间	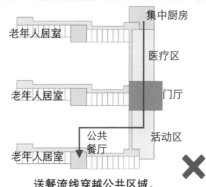 送餐流线穿越公共区域，影响公共空间的正常使用	 流食制作设备临时放置在置物架上，使用时操作台面不稳定，存在安全隐患

集中厨房的规模与定位

▶ **确定集中厨房规模及定位的考虑因素**

在设计集中厨房时，首先应确定厨房的规模及定位，以便进一步进行空间布局和功能配置。养老设施餐饮服务的对象包括哪些，服务人数有多少，运营模式是什么；这些问题都是在确定厨房规模及定位时需考虑的因素。

① 总供应量

总供应量影响厨房的面积规模。 在预估供应量时，需结合设施的运营模式考虑以下几类就餐人群的数量：入住老人、员工、来访亲友及宾客、设施外部人员（例如为社区老年助餐点供餐的养老设施需考虑助餐点的日常用餐人数）。厨房除应能满足日常餐饮量的供应之外，还需为就餐高峰期（如节假日、举办大型亲友聚会活动时）预留出制作空间。

② 运营模式

养老设施中常见的餐饮服务运营模式有两种：（1）自设厨房供应餐食；（2）由外部餐饮服务商供餐。 不同的运营模式决定厨房承担的功能，进而影响其面积规模和功能配置。当设施自设厨房供应餐食时，厨房承担的功能较为复杂，包括食材储存、处理与加工，餐食制作等，所需的功能空间和设施设备较多，一般定位为封闭式的集中燃气厨房。当设施由外部餐饮服务商供餐时，设施内的厨房主要用于简餐制作、餐食加热和备餐等，功能相对简单，通常定位为开放式的简易电厨房。

③ 就餐方式

如前所述，老年人在养老设施常见的就餐方式包括服务人员协助分餐、自主取餐及自由点餐，不同的就餐方式会影响厨房的设备选型和数量（如锅灶型号、数量）。一般来说，养老设施会提供多种就餐方式以满足不同老年人的就餐需求，**厨房的设计应考虑兼顾各类就餐方式的使用需求，配置较为多样、充足的设备。**

④ 地域特色

在设计养老设施厨房时需考虑地域饮食文化，配置相应的空间及设备。调研发现，北方（如山陕地区）人偏爱面食，其养老设施厨房对面点间及面食制作加工设备的需求较高；南方（如广东地区）人爱喝汤，其厨房则需要更多的煲仔炉、煲汤炉等。

TIPS：服务于不同类型养老项目集中厨房的规模及定位示例

集中厨房的规模及定位与其服务的养老设施类型密切相关，例如服务于综合型养老社区、养老机构和日间照料设施这三种类型的集中厨房，其规模和定位有明显的不同。

① **服务于综合性养老社区的集中厨房**需为社区内的各类居住设施（包括适老化住宅、养老公寓、照料设施等）供餐，通常规模较大，面积不少于500m²，一般在社区内独立设置，**定位为提供餐食全流程服务**[1]**的大型综合厨房。**

② **服务于养老机构的集中厨房**主要为本机构供餐，可兼顾对外服务，一般面积在500m²以内，通常位于机构地下层或近地面层，**定位为提供餐食全流程服务的综合厨房。这类厨房是本节接下来要重点探讨的类型。**

③ **日间照料设施**规模较小，其餐食通常由外部餐饮服务商提供，设施内的**厨房仅需承担简餐制作、餐食加热和备餐的基本功能**，面积一般在100m²以内，**定位为简易小厨房。**

1　全流程服务指的是厨房提供从进货储存、加工制作，到备餐送餐、回收处理的全部餐饮相关服务。

集中厨房的面积配置

▶ 集中厨房建筑面积的估算方法

通过对目前运营较为成熟的养老设施项目进行调研，对养老设施的建筑规模、厨房规模、床位数、用餐区面积等数据进行了统计分析（表1.3.4），发现厨房的建筑面积与项目总建筑面积、用餐区面积及总床位数有密切关系。在实际设计时，可借鉴以下3种方法对厨房的建筑面积进行估算：①总面积比例估算法；②餐厨比估算法；③人均面积估算法。上述3种方法建议结合使用，以便得出更为准确合理的面积指标范围。如无特殊标注，本页中的面积均指建筑面积。

▷ 方法① 总面积比例估算法

此方法可根据养老设施的总建筑面积，对集中厨房的面积进行快速预估。

> 集中厨房面积 ≈ 养老设施总建筑面积[①] × (2%~4%)[②]
>
> 注：①养老设施总建筑面积指地上总建筑面积，不包含地下车库及人防面积。
> ②该指标为厨房面积占比，为集中厨房面积与养老设施总建筑面积之比。

▷ 方法② 餐厨比估算法

此方法可根据养老设施中公共用餐区（包括公共餐厅、组团餐厅及包间）的建筑面积，来估算厨房的面积。适用于入住老人基本在公共用餐区而非居室用餐的养老设施。

> 集中厨房面积 ≈ 公共用餐区面积[①] × (0.4~0.5)[②]
>
> 注：①公共用餐区面积 = 公共餐厅面积 + 组团餐厅面积 + 包间面积。
> ②该指标为餐厨比，为厨房建筑面积与公共用餐区建筑面积之比。

▷ 方法③ 人均面积估算法

此方法可根据养老设施的总床位数，较为准确地估算集中厨房的面积。

> 集中厨房面积 ≈ 养老设施总床位数[①] × (0.8~1.0)[②]
>
> 注：①养老设施的总床位数代表设施入住率为100%时的总入住人数。
> ②该指标为人均厨房面积，即分摊到每位入住老人的厨房面积。

养老设施集中厨房面积配比规律的研究数据　　　　　　　　　　表1.3.4

养老设施编号	是否对外供餐	厨房建筑面积/m²	设施地上总建筑面积/m²	总床位数/张	公共用餐区建筑面积/m²				集中厨房面积配比规律		
					公共餐厅	组团餐厅	包间	公共用餐区总面积	厨房面积占比	餐厨比	人均厨房面积/(m²/人)
A	√	461	12952	478	260	600	150	1010	3.56%	0.46	0.96
B	×	230	8200	206	110	340	0	450	2.80%	0.51	1.12
C	×	165	6379	230	100	355	0	455	2.59%	0.36	0.72
D	×	155	3500	168	85	270	0	355	4.43%	0.44	0.92
E	√	245	11279	274	200	500	0	700	2.17%	0.35	0.89
F	×	168	8000	161	141	252	36	429	2.10%	0.39	1.04
均值	—	237	8385	253	149	386	31	567	2.94%	0.42	0.94

注：表中数据为作者实地调研获得。

集中厨房的位置选择与外部流线组织

▶ 集中厨房的位置选择要点

▷ 应位于设施地下层或近地面层

为避免厨房货物、垃圾运输对其他空间的影响，集中厨房应设置在近地层或地下层，出入口需临近外部道路或地下车库，并保证有回车及卸货空间，以便搬运食材及清运垃圾（图 1.3.1）。当集中厨房位于地下层时，需考虑泄爆问题，可通过设置窗井或下沉庭院等方式来满足泄爆要求。当集中厨房位于首层时，应设置较为隐蔽的独立出入口，避免与设施主入口或其他主要客流出入口同向并列设置，以减少动线和视线的相互干扰。

▷ 可合理利用不利朝向

集中厨房对日照及自然采光的要求不高，可尽量布置在北向、建筑凹角等位置，将南向等日照条件良好的空间让给老年人的居住及公共活动空间。

▷ 宜尽量避免位于上风向

为防止厨房产生的油烟、气味、噪声及废弃物等对设施及周边建筑产生影响，集中厨房的位置宜尽量避免位于上风向。

▶ 集中厨房的外部流线组织要点

养老设施集中厨房的外部流线主要为进货流线、垃圾运送流线及员工通勤流线（图 1.3.2），为保证各个流线的独立、顺畅、便捷，设计时应注意以下要点：

- 集中厨房宜设计单独的进货口，并与外部道路（或地下车库）接驳，尽量减少高差或进行坡道设计，以便货物搬运及垃圾清运。

- 集中厨房设计相对独立的员工及后勤出入口，保证员工通勤流线短捷，以提高通勤效率，同时尽量减少对其他空间的干扰。

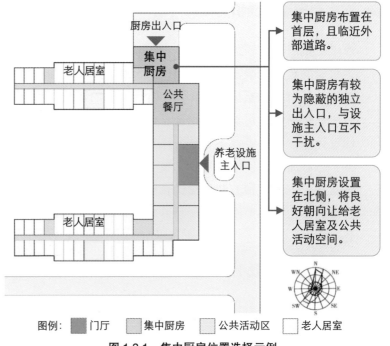

集中厨房布置在首层，且临近外部道路。

集中厨房有较为隐蔽的独立出入口，与设施主入口互不干扰。

集中厨房设置在北侧，将良好朝向让给老人居室及公共活动空间。

图例：■ 门厅　■ 集中厨房　□ 公共活动区　□ 老人居室

图 1.3.1　集中厨房位置选择示例

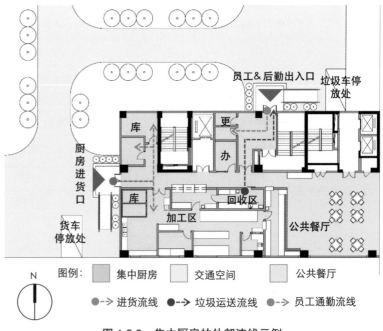

图例：■ 集中厨房　□ 交通空间　■ 公共餐厅

●—▷ 进货流线　●--▷ 垃圾运送流线　●··▷ 员工通勤流线

图 1.3.2　集中厨房的外部流线示例

集中厨房的功能配置与内部流线组织

▶ 集中厨房的功能空间构成

养老设施的集中厨房可分为五个功能区：清点储藏区、加工区、备餐区、回收区及后勤办公区。不同规模及定位的养老设施，可根据实际情况，选择配置以下功能空间（表1.3.5）。

养老设施集中厨房的功能空间构成及配置建议   表1.3.5

功能区	① 清点储藏区				② 加工区						③ 备餐区				④ 回收区					⑤ 后勤办公区					
	进货区	库房			主食加工			副食加工			备餐区				回收处		洗消间			办公区		后勤区			
功能空间	清货区	堆放区	常温库	冷库	米饭制作区	面食制作区	点心制作区	粗加工区	烹调区	凉菜（水果）间	特餐制作区	配餐区	餐车停放区	外卖外送窗口	餐具摆放处	垃圾暂存处	洗碗区	消毒区	储碗区	办公室	营养师办公室	更衣间	淋浴间	卫生间	清洁间	员工休息室
配置建议	■	○	■	■	■	■	○	■	■	○	○	○	○	○	■	■	■	■	○	○	○	○	○	○	○	○

注：■需配置　○视具体情况配置　▓与其他建筑类型的厨房相比，需格外注意的重点功能空间

▶ 集中厨房的功能分区及内部流线组织示例

厨房的五个功能区应按照食品的制作加工流程来组织，以保证工作流线顺畅便捷，同时需注意洁污流线的分离设计，避免加工、备餐等洁净流线，与收餐、垃圾运送等污物流线交叉。设计时应注意以下几点（图1.3.3）：

- 厨房的各功能区应按操作流程进行布局，可用一条主要通道串联起来，保证各空间互不穿行。

- 备餐区应与公共餐厅有很好的"接触面"，并保证有充足台面。

- 临近餐梯[1]需预留组团备餐区及相应的餐车停放、回转空间。

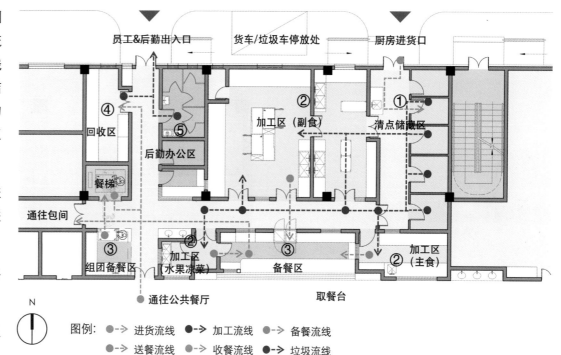

图1.3.3　集中厨房的功能分区及内部流线组织示例

---

[1] 本节提到的餐梯是指可上人的送餐电梯。

集中厨房的设计要点 ①

▶ 清点储藏区的主要功能和配置要求

养老设施每日均有新鲜食材的进货需求，并且会有粮食、干菜、调料等的补给需求。厨房的清点储藏区主要用于各类货物的清点、查验及分类储存。

清点储藏区又分为进货区和库房。进货区一般会配置清点货物的设备和相应的堆放空间（图1.3.4），库房包括常温库（图1.3.5）及冷库。当厨房规模较小时，可将库房中的部分货架、冰柜合并设置在加工区内。

一般养老设施的餐食总供应量较为稳定，可根据满住状态下的进货量确定库房的规模和应配的设备数量。

图1.3.4 进货区设置了地磅秤和水池，便于货物清点及简单处理

图1.3.5 常温库房用于储藏粮食、干菜等干货

▶ 清点储藏区平面布置示例

图1.3.6 为一个300m² 集中厨房中的清点储藏区平面布置图及设计要点分析。

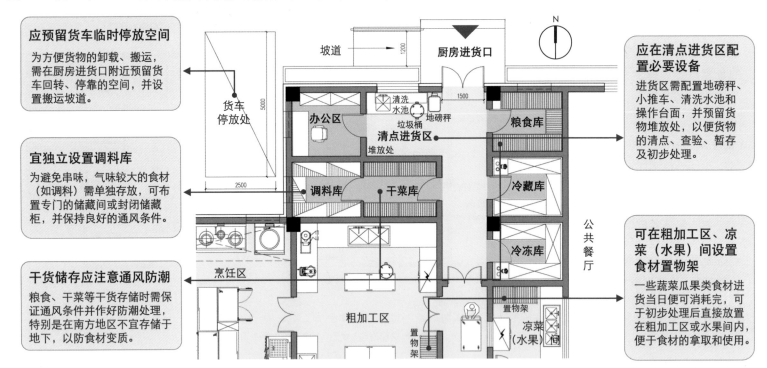

应预留货车临时停放空间

为方便货物的卸载、搬运，需在厨房进货口附近预留货车回转、停靠的空间，并设置搬运坡道。

宜独立设置调料库

为避免串味，气味较大的食材（如调料）需单独存放，可布置专门的储藏间或封闭储藏柜，并保持良好的通风条件。

干货储存应注意通风防潮

粮食、干菜等干货存储时需保证通风条件并作好防潮处理，特别是在南方地区不宜存储于地下，以防食材变质。

应在清点进货区配置必要设备

进货区需配置地磅秤、小推车、清洗水池和操作台面，并预留货物堆放处，以便货物的清点、查验、暂存及初步处理。

可在粗加工区、凉菜（水果）间设置食材置物架

一些蔬菜瓜果类食材进货当日便可消耗完，可于初步处理后直接放置在粗加工区或水果间内，便于食材的拿取和使用。

图1.3.6 清点储藏区（紫色部分）的平面布置要点分析

集中厨房的设计要点 ②

加工区

▶ 加工区的主要功能和配置要求

加工区通常分为主食加工区（图 1.3.7）和副食加工区（图 1.3.8）两大部分。主食加工区主要承担米饭、面食、点心等的制作（图 1.3.7）；副食加工区主要用于肉类、蔬菜等食材的粗加工和烹调，以及水果、凉菜的制作（图 1.3.8）。

加工区是集中厨房最核心的功能空间，通常占厨房总建筑面积的一半以上，主要的烹调设备均集中布置在加工区。

一些养老设施除提供正餐外，还会为老年人准备水果茶点。部分水果茶点为生食，需格外注意食品卫生，宜为其设置独立制作区。若集中厨房布置了凉菜间，可利用凉菜间制作水果茶点。

图 1.3.7　主食加工区的面点间　　图 1.3.8　副食加工区的烹调区

▶ 加工区平面布置示例

图 1.3.9 为一个 150m² 集中厨房中的加工区平面布置情况及其设计要点分析。

烹调区宜尽量布置在地上

烹调区通常具有明火设备，应尽量布置在地上并采用防火隔墙及门窗，当布置在地下时需考虑泄爆通风要求。

可根据供餐人数确定锅灶数量

根据实际运营经验，可按照每50~60人一个大锅灶眼来配置锅灶设备。

需配置相对齐全的烹饪加工设备

为满足老年人多样化的餐饮需求，集中厨房需配置的烹饪设备类型往往较多，一般厨房至少应配置炉灶、汤灶、蒸锅、烤箱、电饼铛等。

粗加工区宜临近烹调区

为便于食材的拿取及传递，保证工作流程的顺畅，粗加工区宜临近烹调区布置。当两者不在同层时，应就近设置餐梯或专用食梯[1]。

需预留油烟井的位置

厨房燃具排出的油烟，应在顶部集合后统一排到屋面，烹调区需为其预留单独的井道，不能与风井等其他井道合用。

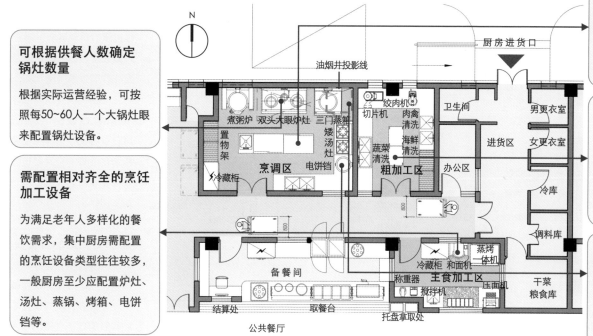

图 1.3.9　加工区（紫色部分）的平面布置要点分析

1　本节提到的食梯是指可运送餐车但不能上人的送餐电梯。

集中厨房的设计要点 ③

备餐区

▶ 备餐区的主要功能和配置要求

备餐区主要用于加热、分配制作好的餐食，及加工、处理特殊餐食，如将食物打碎为流食或半流食。

备餐区是养老设施厨房区别于其他建筑类型厨房的主要功能区域。养老设施厨房除了需配置为公共餐厅备餐的备餐间外，还需配置服务于各楼层组团餐厅的备餐区，特别是需考虑在组团备餐区附近设置一定数量的餐车停放、回转及清扫空间（图1.3.10）。

图1.3.10　临近备餐区预留餐车停放空间

图1.3.11　备餐区与加工区之间设置菜品传递窗口，提高传菜效率

▶ 备餐区平面布置示例

图1.3.12为一个250m² 集中厨房中的备餐区平面布置情况及其设计要点分析。

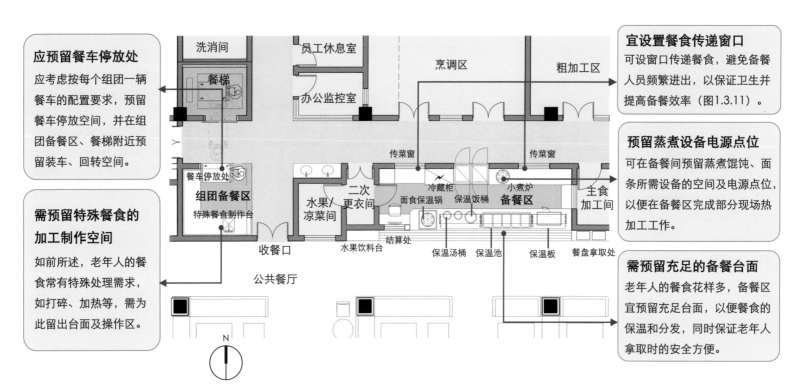

应预留餐车停放处

应考虑按每个组团一辆餐车的配置要求，预留餐车停放空间，并在组团备餐、餐梯附近预留装车、回转空间。

需预留特殊餐食的加工制作空间

如前所述，老年人的餐食常有特殊处理需求，如打碎、加热等，需为此留出台面及操作区。

宜设置餐食传递窗口

可设窗口传递餐食，避免备餐人员频繁进出，以保证卫生并提高备餐效率（图1.3.11）。

预留蒸煮设备电源点位

可在备餐间预留蒸煮馄饨、面条所需设备的空间及电源点位，以便在备餐区完成部分现场热加工工作。

需预留充足的备餐台面

老年人的餐食花样多，备餐区宜预留充足台面，以便餐食的保温和分发，同时保证老年人拿取时的安全方便。

图1.3.12　备餐间（紫色部分）的平面布置要点分析

集中厨房的设计要点 ④

回收区

▶ 回收区的主要功能和配置要求

回收区主要用于开展就餐后的服务工作，包含餐具的回收、清洗、消毒、存放；以及厨余垃圾的暂存、运送等。

回收区的布置位置与设施回收餐盘的方式密切相关。在集中厨房内设置回收区，可对整个设施的餐具进行统一洗消和储存（图1.3.13），在组团厨房内布置回收区，可用于随时洗消、储存各居住组团的餐具（图1.3.14）。有条件时两类回收区均应设置。

图 1.3.13　集中厨房洗消间的空间实例　图 1.3.14　组团厨房洗消区的空间实例

▶ 回收区平面布置示例

图 1.3.15 为一个 250m² 集中厨房中的回收区平面布置情况及设计要点分析。

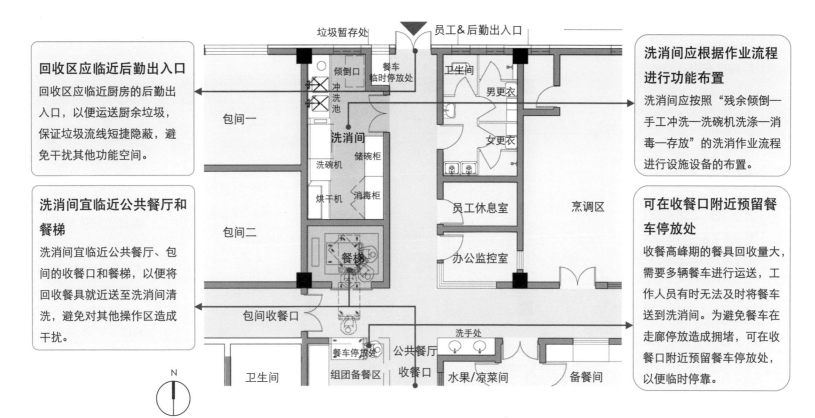

回收区应临近后勤出入口

回收区应临近厨房的后勤出入口，以便运送厨余垃圾，保证垃圾流线短捷隐蔽，避免干扰其他功能空间。

洗消间宜临近公共餐厅和餐梯

洗消间宜临近公共餐厅、包间的收餐口和餐梯，以便将回收餐具就近送至洗消间清洗，避免对其他操作区造成干扰。

洗消间应根据作业流程进行功能布置

洗消间应按照"残余倾倒—手工冲洗—洗碗机洗涤—消毒—存放"的洗消作业流程进行设施设备的布置。

可在收餐口附近预留餐车停放处

收餐高峰期的餐具回收量大，需要多辆餐车进行运送，工作人员有时无法及时将餐车送到洗消间。为避免餐车在走廊停放造成拥堵，可在收餐口附近预留餐车停放处，以便临时停靠。

图 1.3.15　回收区（紫色部分）的平面布置要点分析

集中厨房的设计要点 ⑤

后勤办公区

▶ 后勤办公区的主要功能和配置要求

厨房的后勤办公区主要包括后勤区和办公区两部分。后勤区是厨房员工更衣（图1.3.16）、淋浴、洗手、休息的空间。此外，厨房因卫生要求高，需要专门的清洁打扫用具，后勤区也承担相应的清洁工作。办公区是厨房员工开展进货量登记、营养餐搭配、点餐量统计、日常管理等一系列工作的空间（图1.3.17）。后勤办公区的规模及功能可根据厨房员工的人数和实际使用需求进行配置。

图 1.3.16 厨房员工专用更衣间实例   图 1.3.17 厨房办公室朝向加工区两侧开窗，保证视线通达

▶ 后勤办公区平面布置示例

图 1.3.18 为一个 300m² 集中厨房的后勤办公区平面布置情况及设计要点分析。

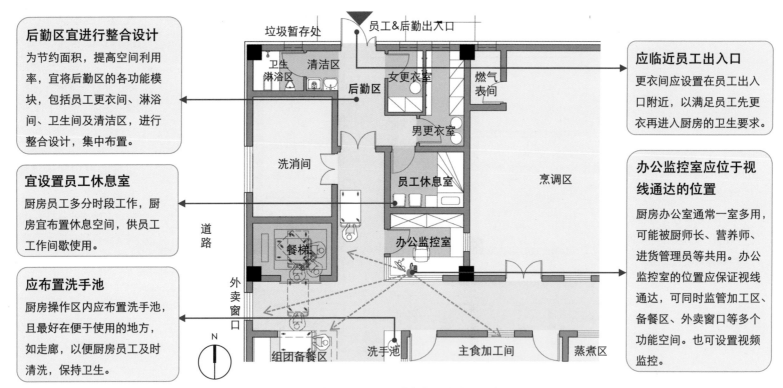

后勤区宜进行整合设计

为节约面积，提高空间利用率，宜将后勤区的各功能模块，包括员工更衣间、淋浴间、卫生间及清洁区，进行整合设计，集中布置。

宜设置员工休息室

厨房员工多分时段工作，厨房宜布置休息空间，供员工工作间歇使用。

应布置洗手池

厨房操作区内应布置洗手池，且最好在便于使用的地方，如走廊，以便厨房员工及时清洗，保持卫生。

应临近员工出入口

更衣间应设置在员工出入口附近，以满足员工先更衣再进入厨房的卫生要求。

办公监控室应位于视线通达的位置

厨房办公室通常一室多用，可能被厨师长、营养师、进货管理员等共用。办公监控室的位置应保证视线通达，可同时监管加工区、备餐区、外卖窗口等多个功能空间。也可设置视频监控。

图 1.3.18 集中厨房后勤办公区（紫色部分）的平面布置要点分析

集中厨房的设计实例分析 ①

80m²集中厨房

▶ 某70床养老机构的集中厨房设计实例分析

项目为某 70 床的小微型养老机构，其集中厨房的面积约 80m²。厨房主要为本设施的入住老人和周边社区的老年人供餐，共计服务约 90 位老年人。厨房布置在首层，紧邻公共餐厅，设有一个独立的出入口。厨房面积集约，功能空间较为复合，其平面图及设计要点如图 1.3.19 所示。

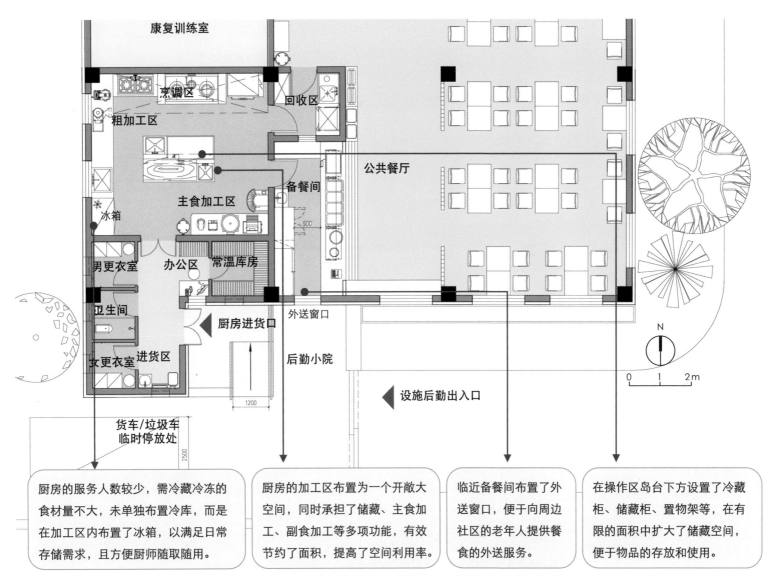

厨房的服务人数较少，需冷藏冷冻的食材量不大，未单独布置冷库，而是在加工区内布置了冰箱，以满足日常存储需求，且方便厨师随取随用。

厨房的加工区布置为一个开敞大空间，同时承担了储藏、主食加工、副食加工等多项功能，有效节约了面积，提高了空间利用率。

临近备餐间布置了外送窗口，便于向周边社区的老年人提供餐食的外送服务。

在操作区岛台下方设置了冷藏柜、储藏柜、置物架等，在有限的面积中扩大了储藏空间，便于物品的存放和使用。

图 1.3.19　80m² 集中厨房（紫色部分）的平面图及设计要点分析

集中厨房的设计实例分析 ②

150m² 集中厨房

▶ 某150床养老机构的集中厨房设计实例分析

项目为北方某 150 床的养老机构，其集中厨房面积约 150m²。厨房主要对本设施的入住老人供餐，不对外提供餐饮服务。设施内的就餐地点包括首层的公共餐厅及各标准层的组团餐厅。厨房布置在首层，紧邻公共餐厅和专用食梯，以便向不同就餐地点送餐。其平面图及设计要点如图 1.3.20 所示。

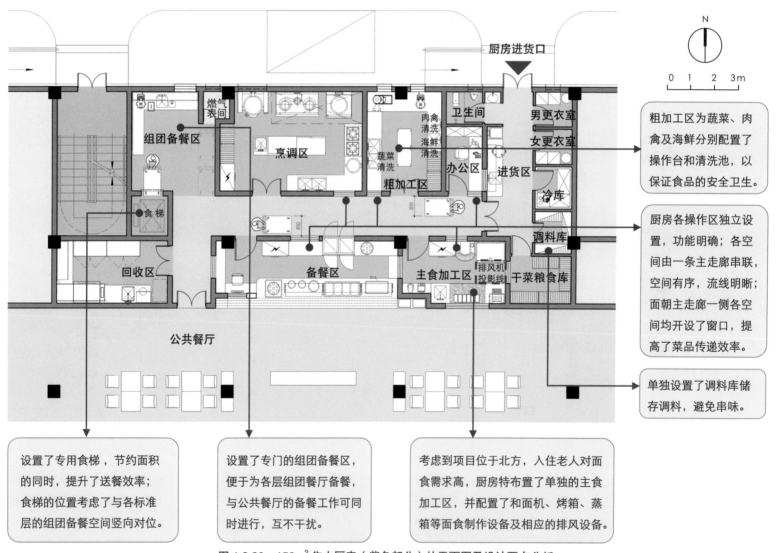

厨房进货口

粗加工区为蔬菜、肉禽及海鲜分别配置了操作台和清洗池，以保证食品的安全卫生。

厨房各操作区独立设置，功能明确；各空间由一条主走廊串联，空间有序，流线明晰；面朝主走廊一侧各空间均开设了窗口，提高了菜品传递效率。

单独设置了调料库储存调料，避免串味。

设置了专用食梯，节约面积的同时，提升了送餐效率；食梯的位置考虑了与各标准层的组团备餐空间竖向对位。

设置了专门的组团备餐区，便于为各层组团餐厅备餐，与公共餐厅的备餐工作可同时进行，互不干扰。

考虑到项目位于北方，入住老人对面食需求高，厨房特布置了单独的主食加工区，并配置了和面机、烤箱、蒸箱等面食制作设备及相应的排风设备。

图 1.3.20 150m² 集中厨房（紫色部分）的平面图及设计要点分析

集中厨房的设计实例分析 ③

300m²集中厨房

▶ 某300床养老机构的集中厨房设计实例分析

项目为某300床的养老机构，其集中厨房面积约300m²。厨房主要对本设施的入住老人及周边社区的老年人供餐，共计服务约330位老年人。设施内的就餐地点为首层的公共餐厅及各标准层的组团餐厅。厨房布置在首层，紧邻公共餐厅和餐梯；设有两个对外出入口，分别用于进货和垃圾清运。厨房面积充裕，功能空间划分得较为细致，其平面图及设计要点如图1.3.21所示。

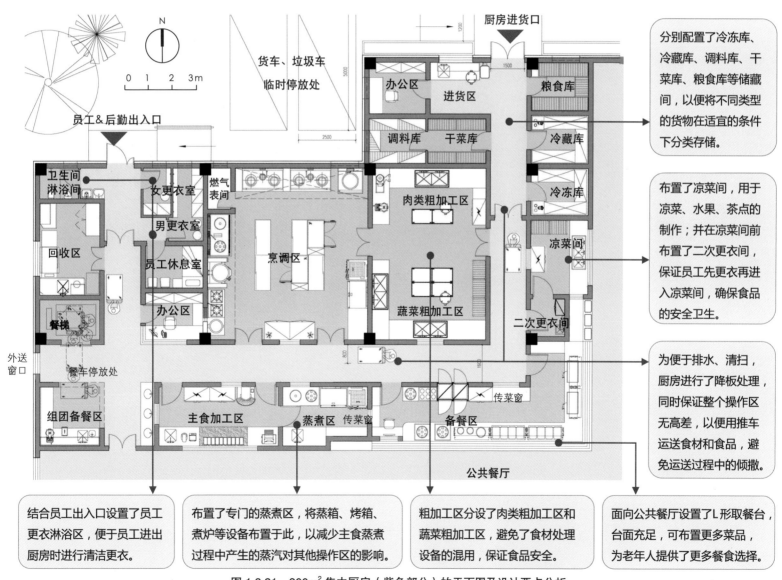

分别配置了冷冻库、冷藏库、调料库、干菜库、粮食库等储藏间，以便将不同类型的货物在适宜的条件下分类存储。

布置了凉菜间，用于凉菜、水果、茶点的制作；并在凉菜间前布置了二次更衣间，保证员工先更衣再进入凉菜间，确保食品的安全卫生。

为便于排水、清扫，厨房进行了降板处理，同时保证整个操作区无高差，以便用推车运送食材和食品，避免运送过程中的倾撒。

结合员工出入口设置了员工更衣淋浴区，便于员工进出厨房时进行清洁更衣。

布置了专门的蒸煮区，将蒸箱、烤箱、煮炉等设备布置于此，以减少主食蒸煮过程中产生的蒸汽对其他操作区的影响。

粗加工区分设了肉类粗加工区和蔬菜粗加工区，避免了食材处理设备的混用，保证食品安全。

面向公共餐厅设置了L形取餐台，台面充足，可布置更多菜品，为老年人提供了更多餐食选择。

图1.3.21　300m²集中厨房（紫色部分）的平面图及设计要点分析

第 4 节

洗衣空间

洗衣需求与洗衣空间的常见类型

▶ 养老设施的洗衣需求特点

养老设施的洗衣需求复杂多样，需要清洗的物品包括老年人的衣物、老人居室中的床单被罩以及桌布、窗帘等公共布草。不同类型物品在清洗方式、清洗频率等方面都存在一定差异，往往需要分别进行处置。一些被污染的物品还要在清洗前作消毒处理。这些需求特征在配置养老设施洗衣空间时都要加以考虑。

▶ 养老设施内洗衣空间的常见类型

调研发现，养老设施中的洗衣空间大致可分为集中洗衣房、组团洗衣间、居室内洗衣空间三种类型。这三类洗衣空间能够适应不同的洗衣服务模式，从而满足相应的洗衣需求。

▷ 集中洗衣房

集中洗衣房能够满足集中处理和清洗较大量衣物的需求。例如许多养老设施都会定期更换和清洗公共布草，一些养老设施也会统一收集老年人的换洗衣物送至集中洗衣房进行清洗。为了满足清洗量的要求，集中洗衣房通常配有相对大型的洗衣设备，更适于清洗窗帘、床单、被罩等大件布草（图1.4.1）。

▷ 组团洗衣间

组团洗衣间通常满足的是护理组团内老年人的衣物以及一些小型布草的清洗需求。与服务于整个养老设施的集中洗衣房相比，组团洗衣间的服务范围相对较小，清洗量也不会很大，通常只需配备小型洗衣设备即可。一些被弄脏的餐垫、毛巾等小型布草也能在组团洗衣间得到及时地处理和清洗（图1.4.2）。

▷ 居室内洗衣空间

居室内洗衣空间主要满足老年人自行单独洗衣的需求。例如很多健康自理的老年人更希望能就近在房间内清洗自己的贴身衣物；一些对服务品质要求较高的老年人，也更希望利用居室内专属的洗衣机清洗个人衣物、床单等，而不希望送至组团洗衣房或集中洗衣房与他人衣物混洗（图1.4.3）。

图1.4.1　集中洗衣房实例（设备较大）

图1.4.2　组团洗衣间实例（设备较小）

图1.4.3　居室内洗衣空间实例（设备居家化）

洗衣空间的配置要点

▶ 如何配置养老设施的洗衣空间

养老设施应根据其洗衣需求特征，结合实际的建筑空间条件配置适宜的洗衣空间。设计过程中，设计方与运营方应沟通并明确具体的洗衣服务模式，例如：公共布草是否需要外包清洗，老年人衣物是集中清洗还是分组团清洗，需要配置哪种类型的洗衣设备等，以作为洗衣空间类型选择及功能配置的主要依据。

▶ 洗衣空间的配置建议

▷ 匹配养老设施的规模

- 当设施规模较大时，设施内物品清洗量大，洗衣需求也相对复杂。如果仅配置集中洗衣房，将所有衣物和布草收集到一处进行清洗，则可能产生清洗压力过大、衣物运送流线过长等问题。建议在大型养老设施内配置多种类型的洗衣空间，以便分别应对不同类型衣物的清洗需求，保证服务质量和效率。例如同时配置集中洗衣房与组团洗衣间，分别满足公共布草与老年人衣物的清洗需求。

- 当设施规模较小时，设置一处集中的洗衣房通常便可满足日常的清洗需求，设计时结合实际清洗量确定适宜的洗衣设备形式和数量即可。

▷ 匹配项目的服务模式

一般而言，养老设施中公共布草的清洗频率较低且清洗周期相对固定，而老年人衣物换洗频率较高且需要及时清洗。有的项目会采用公共布草外包清洗的服务模式，设施内仅清洗老年人衣物及一些小件布草。这样能节约一定的人力物力，减少空间和设备的配置投入。

- 当采用布草外包清洗的服务模式时，设施内仅需满足老人衣物的清洗需求即可（例如仅设置组团洗衣间），但同时应注意为外包清洗的衣物留出回收、暂存及清点的空间。

▷ 匹配服务对象的身体状况

- 对于收住自理老人的设施，除了配置清洗公共布草的洗衣空间外，宜在老人居室内设置洗衣空间，或在组团洗衣间中配置专供老年人使用的洗衣机，以满足老年人自行清洗贴身衣物等需求。

- 对于收住失能老人的设施，考虑到通常会由护理人员协助清洗老年人的衣物，建议结合护理组团就近配置相应的组团洗衣间，使护理员能够及时、方便地清洗老年人衣物，缩短服务动线，提高服务效率。

▷ 匹配项目的档次定位

洗衣空间的配置往往也受到养老设施的档次定位、投资水平的影响。

- 对于较为高端的养老设施，可同时配置集中洗衣房、组团洗衣房与居室内洗衣空间，以便更加细致地应对多样化的洗衣需求。洗衣空间配置的细分更有利于实现高品质的服务，但同时也会带来项目造价及运营成本的增加。

- 对于经济型养老项目，建议根据客观条件（如设施的投资水平、服务对象的身体条件等）及实际使用需求进行权衡选择，不应盲目配置。

集中洗衣房的位置选择

▶ **集中洗衣房的常见位置**

集中洗衣房[1]在位置选择时应考虑衣物的送洗流线，并注意减少噪声、潮气对老年人生活环境的不利影响。通常可将其布置在主体建筑的首层、顶层、地下层中靠近其他辅助服务空间、远离老年人居住和活动用房的位置，或是独立设置在主体建筑之外（表 1.4.1）。一般来说，将集中洗衣房设置于地下层或设为独立附属建筑对老年人的日常生活影响最小，有条件时应优先选择。

养老设施集中洗衣房的常见位置及注意事项　　　　　　　　　　表 1.4.1

洗衣房位置	位于独立附属建筑	位于主体建筑地下层	位于主体建筑首层	位于主体建筑顶层
注意事项	• 可结合其他后勤用房、设备用房等设置，形成集中的后勤区，减小对场地中老年人活动区域的不利影响； • 应注意就近设置晾晒场地，避免洗衣房与晾晒场地过于分离，增加员工运送衣物的负担	• 应就近设置服务电梯，以便员工运送衣物； • 应结合实际的场地条件，通过设置窗井或下沉式庭院等方式，改善洗衣房的采光、通风状况	• 应尽可能靠近外墙或天井设置，以便获得自然通风采光； • 应远离门厅、公共活动空间、老人居室等生活空间，减小对老年人的不利影响； • 可利用洗衣房相邻的室外场地作为晾晒场地	• 应注意避免设置在老人居室、公共起居厅等生活空间上方； • 应就近设置服务电梯，以便员工运送衣物； • 应就近设置露台或利用屋顶平台作为晾晒场地
平面位置关系示意				
剖面位置关系示意				

1　本节重点讲解集中洗衣房的设计要求。有关组团洗衣间的设计要求详见本章第 5 节组团辅助服务空间的相关内容，有关居室内洗衣空间的设计要求详见本系列图书卷 1 第 5 章第 4 节老人居室的相关内容。

集中洗衣房的常见设计问题

▶ **面积配置不合理**

一些养老设施在设计之初，没有对洗衣服务模式进行仔细考虑，简单地认为所有衣物都需要统一送到集中洗衣房清洗，因而将其面积配置得较大。实际运营后才发现有些衣物在组团或老人居室内进行清洗即可，这使集中洗衣房的利用率下降，造成了设备及空间的浪费（图 1.4.4）。

图 1.4.4
集中洗衣房面积配置过大，与实际的洗衣需求不匹配，造成空间浪费

▶ **没有对清洗和晾晒进行统一考虑**

调研中发现，有些养老设施在设计洗衣空间时只考虑到清洗工作的空间需求，对衣物晾晒的位置及场地需求考虑不周，造成洗晒流线过长、晾晒工作不便等问题。

例如有的设施将洗衣房设置在建筑首层，但附近缺少适宜的晾晒场地，只能利用屋顶平台进行晾晒，这造成员工晒衣流线过长，浪费了大量的时间和精力；还有的设施因洗衣房附近缺少近便的晾晒空间，出现了将衣物搭晾在楼梯间的情况，既不卫生美观也对安全疏散造成影响（图 1.4.5）。

图 1.4.5
因缺少近便的晾晒场地，员工在楼梯间内搭晾衣物

▶ **空间布置不合理，细节处理不到位**

由于对洗衣工作流程及空间需求的考虑不细致，一些养老设施的洗衣房在空间布置及细节设计方面存在不足。

例如，有的设施在设计洗衣间时未考虑用小推车收集、运送衣物的需求，没有预留相应的停放空间，小推车只能挤占通道、洗衣操作区，影响正常洗衣工作的开展（图 1.4.6）。还有的设施在从洗衣房通往晾晒场地的路线上存在地面高差或障碍物，给员工推行小推车运送衣物造成不便，留下安全隐患（图 1.4.7）。

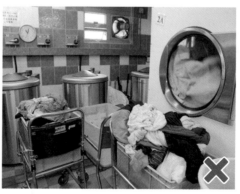

图 1.4.6　未考虑小推车的停放需求，洗衣房内的通行及清洗操作空间被小推车占据

图 1.4.7　晾晒场地进出口地面被管线阻碍，对员工使用小推车运送衣物造成很大不便

集中洗衣房的功能布置

按洗衣工作流程布置功能区域

设计集中洗衣房时，应根据洗衣工作流程进行功能分区。通常来讲，洗衣流程主要有分拣、消毒、清洗、烘干、晾晒、熨烫、叠衣、临时存放等环节（图 1.4.8）。洗衣房的空间设计应顺应这一流程，依次布置回收处理区、清洗区、晾晒 / 烘干区和整理叠储区，并作好洁污分区。

①回收处理区
②清洗区
③晾晒/烘干区
④整理叠储区
(1)分拣/消毒
(2)清洗
(3)晾晒
(3)烘干*
(4)熨烫*
(5)叠衣
(6)存放

注：带 * 的工作环节可根据养老设施的具体服务需求决定是否纳入洗衣流程

图 1.4.8　洗衣工作流程及功能分区示意图

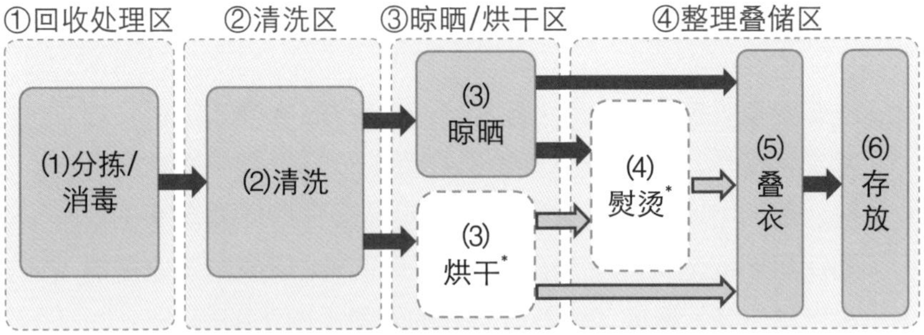

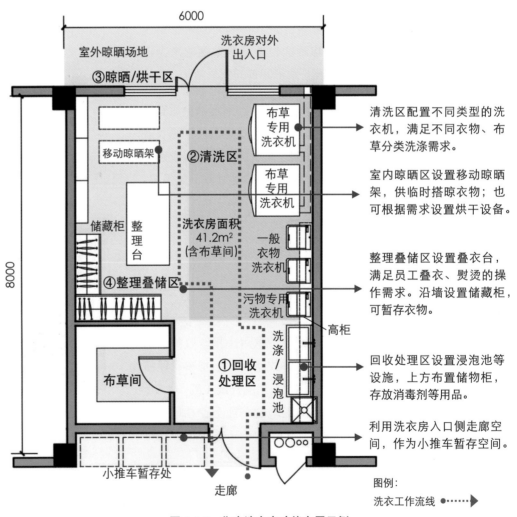

集中洗衣房的功能分区及布置要点

① 回收处理区

停放回收衣物的小推车，分拣衣物并对被污染衣物进行预处理和消毒的区域，属于污区。

② 清洗区

布置洗衣设备，开展衣物清洗工作的区域，属于污区。

③ 晾晒 / 烘干区

布置烘干设备或晾晒架，将洗好的衣物进行干燥、搭晾的区域，属于洁区。

④ 整理叠储区

衣物熨烫、叠放、分类整理以及暂存的区域，属于洁区。

6000
8000
室外晾晒场地
洗衣房对外出入口
③晾晒/烘干区
移动晾晒架
②清洗区
布草专用洗衣机
布草专用洗衣机
储藏柜
整理台
洗衣房面积 41.2m²（含布草间）
一般衣物洗衣机
④整理叠储区
污物专用洗衣机
高柜
洗涤/浸泡池
布草间
①回收处理区
小推车暂存处
走廊
清洗区配置不同类型的洗衣机，满足不同衣物、布草分类洗涤需求。
室内晾晒区设置移动晾晒架，供临时搭晾衣物；也可根据需求设置烘干设备。
整理叠储区设置叠衣台，满足员工叠衣、熨烫的操作需求。沿墙设置储藏柜，可暂存衣物。
回收处理区设置浸泡池等设施，上方布置储物柜，存放消毒剂等用品。
利用洗衣房入口侧走廊空间，作为小推车暂存空间。
图例：
洗衣工作流线

图 1.4.9　集中洗衣房功能布置示例

集中洗衣房的设计要点 ①

回收处理区、清洗区

▶ 回收处理区的设计要点

回收处理区附近应留出小推车的停放位置，并宜就近设置操作台面，以方便员工对收集来的衣物进行分拣（图1.4.10）。回收处理区还需要配置冲洗池和浸泡池等设施，以便对衣物进行清洗前的预处理或消毒（图1.4.11）。设计时应预先考虑相应的上下水需求。

▶ 清洗区的设计要点

▷ 洗衣设备前留出员工操作空间

布置洗衣设备时，应注意在前方留出一定的缓冲空间，方便小推车的临时停放以及员工进行取放衣物等操作（图1.4.12）。

▷ 地面可做减振处理

洗衣设备运转过程中往往会产生较大的振动噪声，为了减少对周边空间的不利影响，可对洗衣房地面进行一定的减振处理。例如在地面铺设隔声减振材料（图1.4.13），或将洗衣设备适当垫高以设置减振隔层（图1.4.14）。

▷ 注意洗衣设备散热需求

集中洗衣房的洗衣设备数量往往较多，且通常会配置一些大型专业洗衣设备。这些设备在运转时对通风和散热要求较高。设计时一方面应为洗衣房提供良好的自然通风条件（图1.4.15），另一方面还可考虑加设专门的送排风设备。并注意预留相应的设备安装及管道空间。

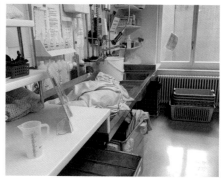

图1.4.10 回收处理区设分拣台并于其下方预留小推车暂放空间

图1.4.11 临近分拣台设置冲洗、浸泡池

图1.4.12 洗衣设备前留出员工操作所需的空间

图1.4.13 洗衣房地面铺设减振隔声材料

图1.4.14 将洗衣机下方适当垫高以隔振

图1.4.15 清洗区临近外窗，有利于自然通风散热

集中洗衣房的设计要点 ②

晾晒区、整理叠储区

▶ 晾晒区的设计要点

室外晾晒区应注意选在日照、通风条件良好的位置，并尽量与洗衣房临近。建议在室外晾晒区设置一处有顶棚的区域，以应对雨雪天气时的晾衣需求（图 1.4.16）。有条件时还可设置四面围挡以防大风将衣物吹落。

除室外晾晒区外，还可在洗衣房内留出一定的晾晒空间，以便就近搭晾一些衣物、毛巾（图 1.4.17）等。阴雨天气时也可直接将洗好的衣物就近晾在室内。

▶ 整理叠储区的设计要点

▷ 应提供叠衣台面，并考虑衣物暂存需求

整理叠储区应设有整理桌或台面，并在周围留出一定的空间，以便员工对衣物进行折叠、分类整理或缝补等操作（图 1.4.18）。整理叠储区还应设置储藏架，用于暂存叠好的衣物（图 1.4.19）。

▷ 结合实际需求配置熨烫设备

与酒店不同，养老设施中老年人的床单、被罩等私人布草一般不需要专门进行熨烫。调研中发现，一些设施虽然配置了用于熨烫床单的大型熨烫机，但大多长期闲置，不仅造成投资的浪费，还占用了空间。

在调研一些相对高端的养老项目时发现，部分老年人对衣着有较高要求，会向设施提出熨烫衣物的服务需求。一些设施也会对员工工作服进行熨烫。在设计洗衣房时，应预先考虑到相应的需求，配备小型熨烫机，并为熨衣操作提供相应的台面和空间（图 1.4.20、图 1.4.21）。

图 1.4.16　带有顶棚的室外晾晒区可应对雨雪天气时的晾衣需求　　图 1.4.17　洗衣房内预留临时晾晒区，雨雪大风天气时可在室内进行晾晒

图 1.4.18　整理桌周围留出员工站立操作的空间　　图 1.4.19　洗衣房内设置衣物布草的临时暂存空间

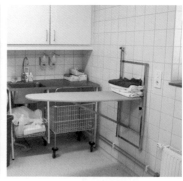

图 1.4.20　洗衣房内设置小型熨烫机，熨烫衣物　　图 1.4.21　设置折叠熨衣板，不用时可靠墙收起

集中洗衣房的设计示例

▶ 位于地下室的集中洗衣房设计示例分析

本示例为北方某 300 床养老设施配置的集中洗衣房，位于地下一层，建筑面积约 73m²。该洗衣房主要用于清洗设施内的窗帘、床单等大件布草。设施内还设有组团洗衣间和居室内洗衣空间，用于清洗老年人的衣物和小件布草（图 1.4.22）。

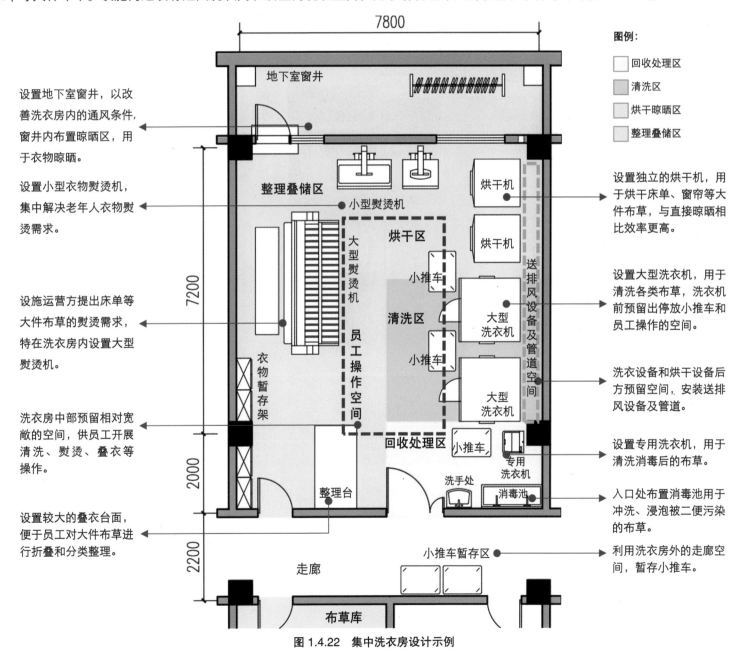

设置地下室窗井，以改善洗衣房内的通风条件，窗井内布置晾晒区，用于衣物晾晒。

设置小型衣物熨烫机，集中解决老年人衣物熨烫需求。

设施运营方提出床单等大件布草的熨烫需求，特在洗衣房内设置大型熨烫机。

洗衣房中部预留相对宽敞的空间，供员工开展清洗、熨烫、叠衣等操作。

设置较大的叠衣台面，便于员工对大件布草进行折叠和分类整理。

设置独立的烘干机，用于烘干床单、窗帘等大件布草，与直接晾晒相比效率更高。

设置大型洗衣机，用于清洗各类布草，洗衣机前预留出停放小推车和员工操作的空间。

洗衣设备和烘干设备后方预留空间，安装送排风设备及管道。

设置专用洗衣机，用于清洗消毒后的布草。

入口处布置消毒池用于冲洗、浸泡被二便污染的布草。

利用洗衣房外的走廊空间，暂存小推车。

图 1.4.22　集中洗衣房设计示例

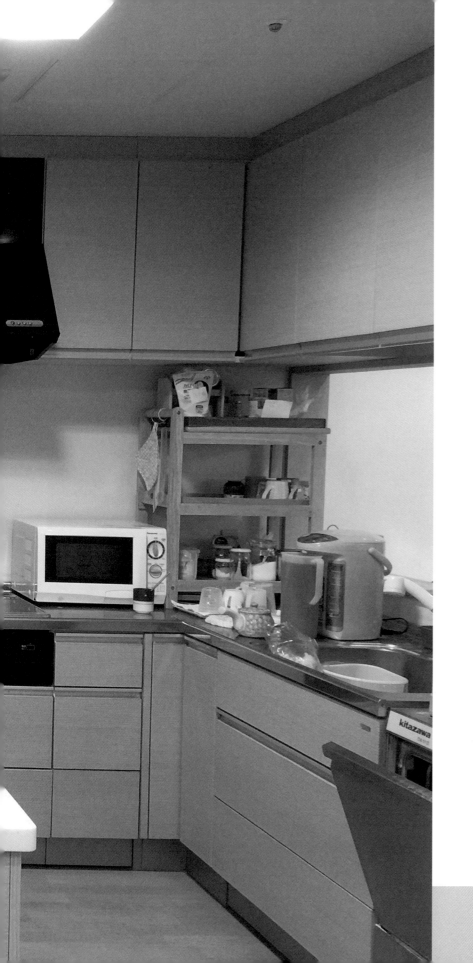

第 5 节

组团辅助
服务空间

组团辅助服务空间的重要性

▶ 组团辅助服务空间的重要性

在养老设施护理组团中，为方便护理人员为老年人进行备餐、助浴以及开展洗衣、清洁卫生等工作，需要配置相应的辅助服务空间。这些空间虽然大多并不由老年人直接使用，但其设计的优劣直接关系着服务品质、服务效率和运营成本的高低，配置不当甚至会给老年人的日常生活带来风险。例如有的设施在护理组团中未配置专门的清洁间，员工将抹布、墩布等清洁用具放在老人居室的卫生间，这样既影响了卫生间的正常使用也不卫生美观，护理人员在清洗抹布墩布时还会弄湿地面，增加了老年人如厕时的跌倒风险。合理配置组团辅助服务空间对于保障设施的服务品质，以及老年人在设施中安全、舒适的生活具有十分重要的意义。

▶ 组团中的辅助服务空间有哪些？

养老设施组团内需要开展的服务工作主要包括护理值班、备餐、助浴、洗衣、清洁等。为便于工作开展，组团内需配置相应的辅助服务空间，包括护理站、护理站管理室、备餐空间、助浴间、组团洗衣间、清洁间、污物间等（图1.5.1）。

①护理站

②护理站管理室

③备餐空间

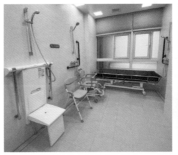
④助浴间

⑤组团洗衣间

⑥清洁间

⑦污物间

⑧公共卫生间

⑨储藏间

图1.5.1　养老设施组团中常见的辅助服务空间

注：护理站、助浴间、公共卫生间等虽属于组团辅助服务空间的范畴，但其设计要点已在本系列图书卷1、卷2中作详细说明，本节不再赘述。

组团辅助服务空间的配置原则

▶ 配置原则① 功能完备

配置组团辅助服务空间时，首先应根据项目实际的服务模式，考虑在组团内需要开展哪些服务工作，从而确定所需的用房或空间。需要注意的是，功能完备并不能简单地等同于设置了相关用房，还应确保其空间面积、设施配置能够匹配运营方的服务要求。调研中发现，有的养老设施虽然配置了一些辅助服务用房，但有的用房位置选择不佳，有的面积过小，并不能满足护理人员的工作需求，对服务的效率、质量和老年人的生活都造成了不利影响（图 1.5.2）。

图 1.5.2 清洁间面积过小，无法存放清洁车，导致清洁车停放在走廊，既不卫生美观也不利于老年人的安全

▶ 配置原则② 集约高效

在设计护理组团时，往往需要为老人居室、公共起居厅等空间分配更充足的面积，留给辅助服务空间的面积则相对有限。因此配置组团辅助服务空间需要注重空间的利用效率，不应生硬地认为每个功能都必须配置一个完整且面积充足的房间。设计时可通过集约化的设计，将使用需求相近、设施配置可共用的服务空间合并设置，以提高空间利用率，在保证出房率的同时，兼顾服务空间需求。常见的辅助服务空间合设方式包括以下几种（图 1.5.3）。

▷ 护理站、护理站管理室、备餐间合并设置

三者合并设置可使护理员在同一空间中就近开展备餐、办公记录、值班等多项工作。合设时需注意划分备餐区与办公区，实现干湿分区，避免相互影响。

▷ 助浴间、洗衣间合并设置

可以在助浴间的更衣区内设置洗衣机，护理员在完成助浴工作后便可直接清洗老年人更换下来的衣物。

▷ 清洁间、污物间合并设置

清洁间与污物间通常都由保洁人员使用，可考虑合设以便其就近完成工作。但需注意做好洁污分区。

▷ 同层多组团之间可以共用一套辅助服务空间

当设施中每层设有多个组团时，可考虑将部分辅助服务空间设在组团交汇处，供多个组团共用，以提高空间利用效率（图 1.5.4）。

护理站、护理站管理室、备餐间合并设置 　　洗衣间与助浴间的更衣室合并设置 　　清洁间与污物间合并设置

图 1.5.3 辅助服务空间功能合并设计案例

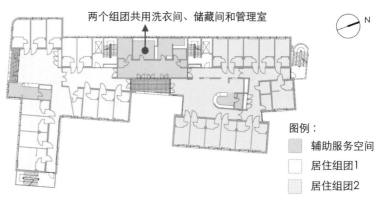

两个组团共用洗衣间、储藏间和管理室　　N

图例：
▨ 辅助服务空间
□ 居住组团1
▧ 居住组团2

图 1.5.4 多组团合用服务空间设计案例

组团辅助服务空间的布置要点

▶ 将一些辅助服务空间集中布置，提高服务效率

辅助服务空间集中布置可以缩短护理人员工作时的步行距离，有利于提高服务效率。同时，将服务动线集中在一定区域内也可减少对老年人生活的干扰。设计时应根据服务工作特点，将关系相对密切的空间集中布置（图 1.5.5~ 图 1.5.7）。

- 管理室、备餐间等空间均与护理站及公共起居厅关系密切，可集中布置在护理站附近。

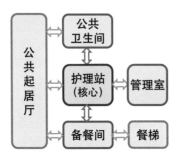

(a) 适合与护理站结合布置的服务空间

- 助浴间、组团洗衣间、清洁间、污物间等用水空间宜集中布置，并通过后勤走廊相连，减小对老年人生活区域的不利影响。

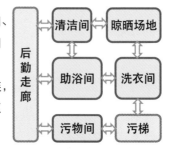

图例：
- 辅助服务空间
- 其他公共空间
- ⟺ 位置联系
- ⟺ 视线联系

(b) 其他宜结合布置的服务空间

图 1.5.5 组团各服务空间的相对位置关系示意

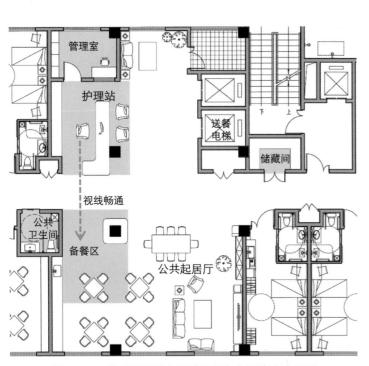

图 1.5.6 护理站周边布置辅助服务空间的设计示例

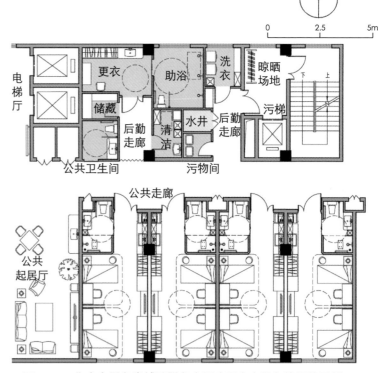

图 1.5.7 集中布置各类辅助服务空间（用水空间）的设计示例

▶ 合理利用外墙面，满足辅助服务空间的采光通风需求

在设计护理组团时，通常会将朝向和自然通风采光较好的位置留给老人居室及公共起居厅，而辅助服务空间大多只能布置在朝向和采光通风条件不佳的位置，有时甚至被设置成"黑房间"。设计时，可通过以下方式尽量为辅助服务空间争取采光和通风。

- 利用北向、西向等朝向不利、不适于安排老人居室的位置布置辅助服务空间。

- 利用平面中采光条件较差的"阴角"设置辅助服务空间。

TIPS：哪些辅助服务空间最需要通风？

一般而言，助浴间、洗衣空间、清洁间等用水房间应尽量做到自然通风。当受条件所限无法实现自然通风时，应设置排风设备，以便潮气排出。

南方地区气候潮湿，应尽可能确保各个辅助服务空间都能对外开窗，保证空气流通，避免出现发霉、有异味的情况。

▶ 组团辅助服务空间布置示例分析

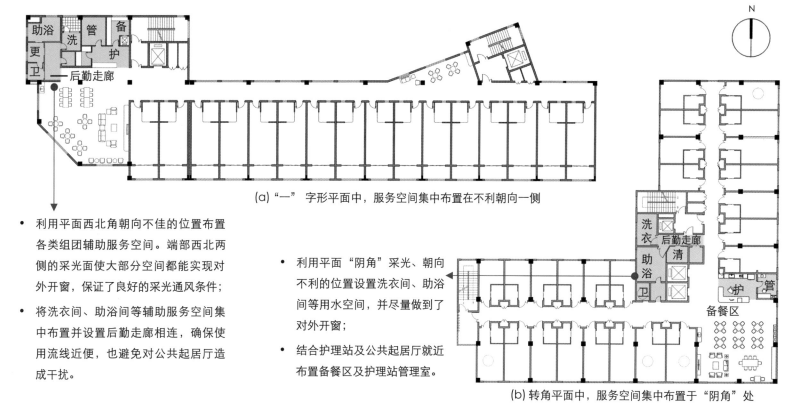

(a)"一"字形平面中，服务空间集中布置在不利朝向一侧

- 利用平面西北角朝向不佳的位置布置各类组团辅助服务空间。端部西北两侧的采光面使大部分空间都能实现对外开窗，保证了良好的采光通风条件；

- 将洗衣间、助浴间等辅助服务空间集中布置并设置后勤走廊相连，确保使用流线近便，也避免对公共起居厅造成干扰。

- 利用平面"阴角"采光、朝向不利的位置设置洗衣间、助浴间等用水空间，并尽量做到了对外开窗；

- 结合护理站及公共起居厅就近布置备餐区及护理站管理室。

(b)转角平面中，服务空间集中布置于"阴角"处

图1.5.8　组团辅助服务空间布置示例分析

组团护理站管理室的设计要点

护理站管理室的功能配置与面积需求

护理站管理室作为护理站的附属空间，主要应满足护理人员办公、值班、储物、休息等方面的需求（图 1.5.9）。

护理站管理室面积不宜小于 $6m^2$，需要配置办公桌椅、文件柜等家具（图 1.5.10）。有条件时，还可适当增加管理室的面积，设置会议桌、休息床位等，满足员工开会、夜间值班休息的需求。

护理站管理室需兼顾私密与视线畅通

管理室空间既要能适当封闭，以便为护理人员提供一个相对安静、私密的空间，进行文件整理、开会谈话等工作，同时又需要保持一定的视线畅通，让护理人员能看见外部情况。设计时可通过设置观察窗、半透明玻璃隔断等方式实现（图 1.5.12）。

管理室部分功能可与护理站、备餐区相结合

如前所述，管理室可与护理站与备餐间适当合并。如图 1.5.13 所示，在同一空间内设置了备餐区与办公区，满足功能需求的同时，实现了空间的集约利用，也提高了工作人员的效率。

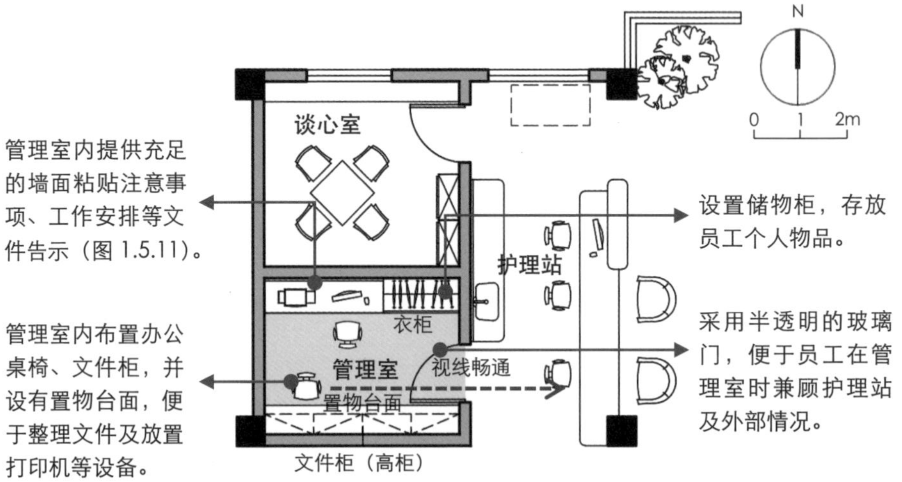
管理室内提供充足的墙面粘贴注意事项、工作安排等文件告示（图 1.5.11）。
管理室内布置办公桌椅、文件柜，并设有置物台面，便于整理文件及放置打印机等设备。
谈心室
护理站
衣柜
管理室
视线畅通
置物台面
文件柜（高柜）
N
0
1
2m
设置储物柜，存放员工个人物品。
采用半透明的玻璃门，便于员工在管理室时兼顾护理站及外部情况。

图 1.5.9　护理站管理室设计案例

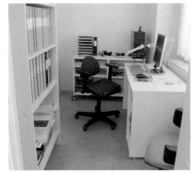

图 1.5.10　护理站管理室需能摆放办公桌椅、文件等家具，满足基本办公需求

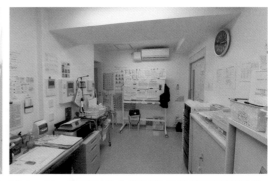

图 1.5.11　管理工作中需要较多的墙面粘贴证书、文件、照片等

帘子

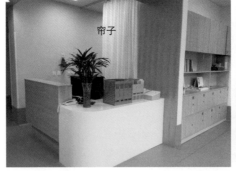

图 1.5.12　通过挂帘子的方式满足护理员的隐私需求

备餐区
办公区

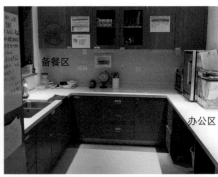

图 1.5.13　在同一空间内设置了备餐区与办公区，护理人员可就近开展相关工作

组团公共卫生间的设计要点

▶ 组团公共卫生间的配置需求

- 组团中的公共卫生间主要供组团内的老年人和护理人员如厕使用。建议每个护理组团中至少配置一个公共卫生间，且该卫生间应能满足无障碍要求。

- 条件充裕时可为护理人员设置专用卫生间，避免与老年人混用。

▶ 供老年人使用的组团公共卫生间宜临近公共起居厅

考虑到老年人就餐及活动过程中的如厕需求，应将其使用的公共卫生间尽量靠近组团公共起居厅布置，方便老年人就近如厕。

公共卫生间的出入口应尽可能位于护理站所能顾及的视线范围内，以便当老年人需要协助如厕时，护理人员能及时看到并上前帮忙（图1.5.14）。

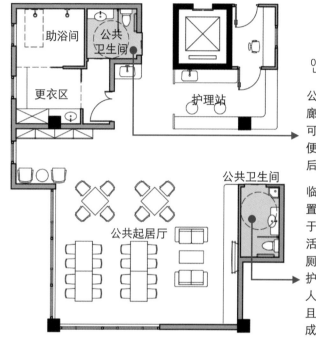

公共卫生间能从走廊进入的同时，也可从助浴间进入，便于老年人洗浴前后就近如厕。

临近公共起居厅设置公共卫生间，便于老年人在就餐及活动过程中就近如厕。卫生间门朝向护理站，利于护理人员及时观察情况，且不会对起居厅造成干扰。

图1.5.14　组团公共卫生间设计案例

▶ 组团公共卫生间的常见设置方式

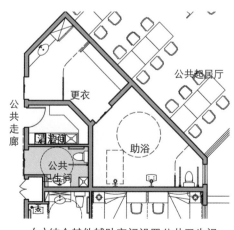

(a) 结合其他辅助空间设置公共卫生间

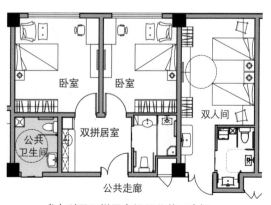

(b) 利用双拼居室设置公共卫生间

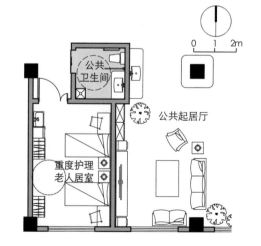

(c) 重度护理居室卫生间外置作为公共卫生间

图1.5.15　组团公共卫生间三种常见设置方式设计案例

组团备餐空间的设计要点

▶ 组团备餐空间的功能和家具设备配置需求

组团备餐空间的功能以分餐、加热食物、餐具暂存为主，需要配置水池、台面、橱柜、微波炉、冰箱等家具设备。除此之外，还可根据具体服务要求，考虑特殊餐食处理、水果茶点制作等功能需求，并配置相应的设备（如食物搅拌机等）。

▶ 组团备餐空间的三种形式

① 设置为独立的备餐间

独立备餐间适合开展相对大量的备餐、分餐操作。当组团中的老年人护理程度较高、有较多的特殊餐食（如流食）需求时，备餐间需要配备特殊餐食加工设备，并预留相应的操作空间。为便于设备的存放管理，同时减少设备工作时对就餐区域的干扰，组团中可考虑配置独立备餐间（图1.5.16）。

图1.5.16 独立备餐间实例

② 结合护理站/起居厅操作台备餐

结合护理站或临近公共起居厅设置备餐台是组团中最常见的备餐空间形式。当大部分备餐工作在厨房完成，护理员在组团中仅需要完成简单的分餐工作时，备餐空间可以直接利用公共起居厅或护理站的台面。开敞备餐台便于护理人员边进行备餐分餐工作，边照看起居厅的老年人（图1.5.17）。

图1.5.17 公共起居厅附近的备餐操作台实例

TIPS：家庭厨房式备餐空间

国外有些养老设施将组团中的备餐间设计成普通家庭中开敞式厨房的形式。开敞的空间形式便于老年人参与到备餐、分餐过程中，护理人员也可与老年人共同开展一些简单的烹饪活动，有助于营造居家氛围（图1.5.18）。

图1.5.18 开敞式备餐区实例

▶ 注意备餐空间与餐梯、食梯以及公共起居厅的位置关系

当采用不上人食梯运送餐食时，应统筹考虑组团内备餐空间与厨房的上下对位关系，确保食梯能与备餐空间直接相连，从而便于递送餐食（图1.5.19）。当采用餐车送餐时，应注意送餐电梯不宜距离组团内的备餐空间过远，避免动线绕行。

设计独立备餐间时，应尽量使其与组团起居厅（老年人就餐区域）临近，缩短护理人员给老年人送餐的动线。

图1.5.19 食梯可直接到达备餐空间

▶ 应该设置多大的备餐空间？

备餐空间的大小与组团规模、备餐工作流程以及菜品样式等因素相关，组团规模越大、在组团中需要完成的备餐工作越复杂、提供的菜品样式越丰富，需要的备餐空间也越大。结合以往的调研经验，以下给出各类备餐空间的经验数值，供设计时参考：

独立备餐间的使用面积至少约5m²，以满足基本的备餐操作需求；

结合护理站或临近起居厅设置备餐操作台时，至少需要总长5m的台面，以便布置水池，摆放家电和分餐时用到的餐具等。台面前方还需留出餐车停放及护理员操作的空间（图1.5.20）。

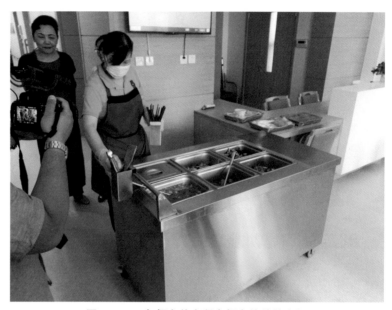

图1.5.20 备餐台前方留出餐车停放的空间

▶ 组团备餐空间设计示例分析

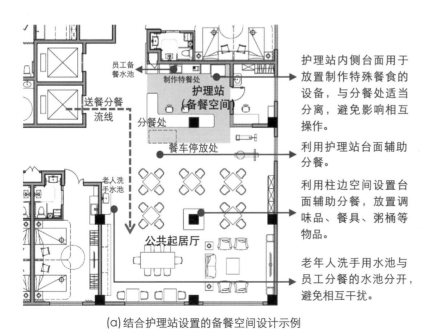

护理站内侧台面用于放置制作特殊餐食的设备，与分餐处适当分离，避免影响相互操作。

利用护理站台面辅助分餐。

利用柱边空间设置台面辅助分餐，放置调味品、餐具、粥桶等物品。

老年人洗手用水池与员工分餐的水池分开，避免相互干扰。

备餐间设在护理站后方，护理人员分餐后将餐食送至公共起居厅。

备餐间内设置食梯，餐食由食梯从地下厨房送至备餐间。

备餐间内设置水池、电磁炉、微波炉、冰箱等设备。

(a)结合护理站设置的备餐空间设计示例 　　　(b)独立备餐间设计示例

图1.5.21 组团备餐空间设计示例分析

组团洗衣间的设计要点

▶ 设置组团洗衣间的重要意义

养老设施中除设置居室内洗衣空间或集中洗衣房之外，建议在组团中也布置洗衣间[1]（图1.5.22）。组团洗衣间便于护理员就近清洗组团内老年人的衣物及小件布草。对于以失能、认知症老人为主的养老设施，很可能需要对被二便污染的衣物进行及时地处理和清洗，因此更有必要配置组团洗衣间。

▶ 组团洗衣间的功能配置

• 组团洗衣间内除洗衣机外还应设置操作台面、浸泡池、储藏柜等家具设备，满足分拣、消毒、清洗、储藏等需求（图1.5.23、图1.5.24）。

• 洗衣间内还应为收集衣物用的小推车预留空间。面积有限时可以利用台面下方、后勤走廊两侧等位置作为暂放空间。

▶ 组团洗衣间的位置选择要点

• 组团洗衣间应尽可能靠外墙设置，以获得自然通风，便于排出房间内的潮气（图1.5.25）。

• 洗衣间可与清洁间、污物间等用水空间集中设置，以便集中布置上下水管线。

• 组团洗衣间还可临近组团公共浴室设置，或直接与浴室的更衣区合并设置，以便员工及时清洗老年人的换洗衣物（图1.5.26）。

组团洗衣间临外墙布置，可获得自然通风采光。

洗衣间内应设置储物柜暂存洗好的衣物。

后勤走廊内可用于停放洗衣和清洁工作所需的小推车。

同层就近设置晾晒露台，洗好的衣物可经由后勤走廊送至此处进行晾晒。

洗衣机上方设置隔板，放置洗衣液等物品，方便就近取用。

洗衣间内设置消毒池，可对被污染衣物进行冲洗处理和浸泡消毒。

洗衣间、清洁间等用水空间集中布置，有利于管线集中。

图1.5.22　组团洗衣间设计示例分析

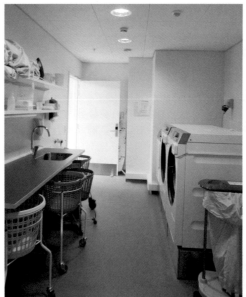

图1.5.23　组团洗衣间内配置洗衣机、水池、操作台面等

图1.5.24　洗衣间内设污物处理池

图1.5.25　洗衣间设有外窗实现自然通风

1　本节内容主要介绍组团洗衣间的设计要点，集中洗衣房的设计要点详见本章第4节洗衣空间的相关内容，居室内洗衣空间详见本系列图书卷1第5章第4节老人居室的相关内容。

▶ 宜在组团洗衣间附近布置晾晒场所

为便于员工在组团内就近晾晒衣物，应临近组团洗衣间布置晾晒露台，或在同层设置室外晾晒空间（图1.5.27）。

组团洗衣间内宜预留一定的室内晾晒区，一方面便于搭晾毛巾等小件布草，另一方面也便于雨雪天气时在室内晾晒衣物。

当空间受限无法设置晾晒场所时，应考虑配置烘干机，满足干衣需求。气候潮湿的地区也应优先考虑利用烘干机进行干衣。

▶ 组团洗衣间也可作为老年人的自助洗衣房

根据国外养老设施的运营经验，自助洗衣房有促进老年人交流，鼓励老年人运用尚存能力，减轻运营负担等优点，在我国的养老设施中也应鼓励设置。

设计自助洗衣房时应注意：

房间内外视线宜贯通（如设计玻璃门），方便护理员观察房间内情况，及时为老年人提供帮助；

自助洗衣房内应设置休息区，使老年人能在等候洗衣时坐下休息或与旁人交流（图1.5.28）。

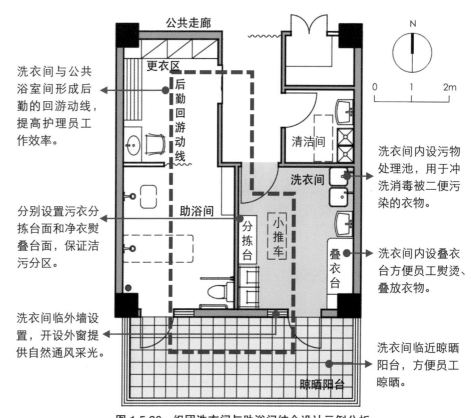

洗衣间与公共浴室间形成后勤的回游动线，提高护理员工作效率。

分别设置污衣分拣台面和净衣熨叠台面，保证洁污分区。

洗衣间临外墙设置，开设外窗提供自然通风采光。

洗衣间内设污物处理池，用于冲洗消毒被二便污染的衣物。

洗衣间内设叠衣台方便员工熨烫、叠放衣物。

洗衣间临近晾晒阳台，方便员工晾晒。

图1.5.26　组团洗衣间与助浴间结合设计示例分析

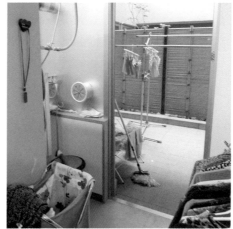

图1.5.27　利用洗衣间附近的采光天井就近设置晾晒区

图1.5.28　自助洗衣房内设置沙发，供老年人在等候时休息聊天

55

组团清洁间的设计要点

▶ 清洁间的功能设备与面积配置

功能设备：清洁间主要用于清洁工具及用品的清洗、消毒和存放。应设洗涤池、置物架，还可考虑设置洗衣机、储藏柜等（图1.5.29）。

面积配置：清洁间面积应能满足设备摆放及员工操作的需求。根据调研经验，清洁间的使用面积在5~10m²比较合适，最小也应达到3m²（最小面积未考虑清洁车停放及晾晒所需的面积）。

▶ 预留清洁车的停放空间

保洁人员通常会使用清洁车开展日常卫生清扫工作，应在清洁间内为其留出停放空间，通常预留一辆清洁车的空间即可（图1.5.30）。

▶ 应尽量提供自然采光通风

清洁间为用水区域，室内环境潮湿，且会搭晾许多抹布等用品。应将其设置在有自然采光通风的位置，以利于湿气排除。条件允许时还应设置送排风设备，加强空气流通。

▶ 考虑清洁用品的洗晾需求

保洁人员在完成清扫工作后，会对抹布、墩布等用品进行统一清洗，可为其配置专门的洗衣机以便提高工作效率。另外，清洁间内还需预留一定的空间搭晾这些用品（图1.5.31）。

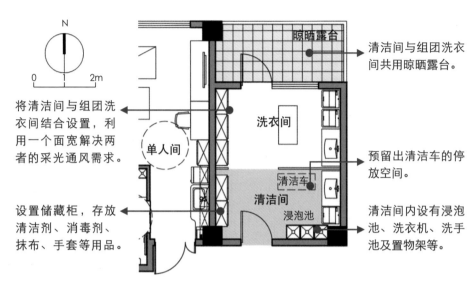

清洁间与组团洗衣间共用晾晒露台。

预留出清洁车的停放空间。

清洁间内设有浸泡池、洗衣机、洗手池及置物架等。

将清洁间与组团洗衣间结合设置，利用一个面宽解决两者的采光通风需求。

设置储藏柜，存放清洁剂、消毒剂、抹布、手套等用品。

图1.5.29 清洁间设计示例及设计要点分析

图1.5.30 清洁间内设清洁车的停放空间

图1.5.31 清洁间内留出搭晾抹布等清洁用品的空间

> ### TIPS：清洁间应注意清洁用品分类存放的要求
>
> 调研中多位院长提及，为保障卫生安全，避免交叉污染，管理中会对擦拭不同区域的抹布等用品进行严格区分，且要做到分类存放。因此养老设施的清洁间应设置充足的置物架、储藏柜等家具，以满足这些用品分类分区存放的要求（图1.5.32）。
>
>
>
> 图1.5.32 清洁工具分类存放

组团污物间的设计要点

▶ 组团污物间的功能配置

污物间主要用于垃圾暂存及污物处理（图1.5.33）。当仅用于垃圾暂存时，污物间内根据垃圾分类需求配置一定数量的垃圾桶即可。当需要处理污物时，则应配置冲洗池，并可按需配置消毒柜、储物柜等设施设备（图1.5.34）。

▶ 污物间的位置选择要点

▷ 靠近后勤楼电梯

污物间宜与后勤楼电梯临近布置，以有效缩短污物运送流线，减少对组团内其他空间的干扰。

▷ 避免直接向主要生活区域的走廊开门

污物间因存放垃圾和处理污物，容易产生异味，并有可能对周围区域造成一定污染。应注意避免直接朝向老年人居住及活动区域的走廊开门，以免让老年人产生不适感。

▶ 污物间可与清洁间或洗衣间结合设置

当污物间仅用于垃圾暂存时，可与清洁间结合设置，以便保洁人员就近开展工作（图1.5.35）。

当需要在组团污物间内处理被污染的衣物时，可将污物间与洗衣间结合设置，以便就近完成衣物的分拣、消毒和清洗（图1.5.36）。

图1.5.33　污物间配置垃圾桶及水池

图1.5.34　污物间配置冲洗池、消毒柜等设备

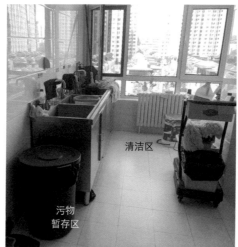

图1.5.35　污物间与清洁间结合的实例

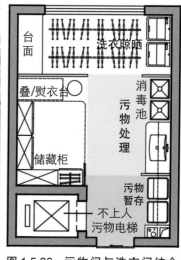

图1.5.36　污物间与洗衣间结合的设计示例

TIPS：国外的污物处理新趋势

调研发现，北欧的一些养老设施中会使用一次性的纸质便器，二便处理时仅需把便器扔进粉碎机粉碎，无须再清洗便盆，简化了处理方式。污物间内仅需设置粉碎设备和一次性便器储藏空间，更加干净卫生（图1.5.37）。

图1.5.37　一次性便器与粉碎机

组团储藏空间的设计要点

▶ **养老设施内宜设置多层级的储藏空间**

养老设施内通常有很多公共物品需要存放，例如家具设备、被服布草、生活用品等。为方便对这些物品的分类存放及管理，建议分层级设置储藏空间。通常可将养老设施的储藏空间分为两个层级，分别是集中设置的库房[1]与分散在各功能空间附近（包括组团内）的储藏空间（图1.5.38）。集中采购的物品及设施内公用的物品宜存放在整个设施共用的库房中；各护理组团以及办公区、厨房等各功能房间专用的物品则宜存放在相关区域附近。本小节主要针对组团内的储藏空间进行说明。

第一层级	库 房
第二层级	• 厨房库房 • 餐厅储藏间 • 多功能厅储藏间 • 护理组团储藏间 • 管理办公储藏间

图 1.5.38　养老设施内两个层级的储藏空间

▶ **按照"集中独立"与"就近分散"相结合的原则布置储藏空间**

▷ **"集中独立"：组团内宜集中设置一间 4~5m² 的独立储藏间**

- 储存物品：主要用于存放尺寸较大、不便堆叠的物品，例如备用家具、桌椅、床垫、轮椅等。还可存放杀虫剂、消毒剂等不宜让老年人接近触碰的物品。

- 位置选择：独立储藏间在组团中的位置没有特别的要求，有条件时宜设置在护理站附近，方便护理员取用与管理（图1.5.39）。

▷ **"就近分散"：分散布置壁柜、储藏柜等，方便就近取用**

- 储存物品：主要用于存放办公用品、活动用品等尺寸较小、易于收纳，且取用相对频繁的物品。

- 位置选择：应就近物品使用区域设置储藏空间，例如在公共起居厅附近设置壁柜存放棋牌、休闲玩具、活动用品等，在备餐空间附近设置储物柜放置餐具、杯具等（图1.5.40）。

图 1.5.39　将备用家具设备集中存放在独立的储藏间中　　图 1.5.40　起居厅内设置壁柜就近存放活动用品、书籍等物品

▷ **灵活利用走廊中的"多余"空间，增加储藏量**

通常在楼电梯间、管井边、走廊柱边及端头易出现一些其他功能难以使用的"多余"空间。设计中应对此充分利用，将其设计成储藏间、壁柜等，增加组团中整体的储藏量（图1.5.41）。

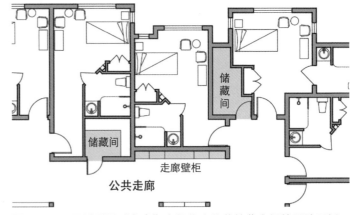

储藏间

储藏间

走廊壁柜

公共走廊

图 1.5.41　灵活利用"多余"空间作为公共储藏空间的设计示例

1　库房的设计要点详见本章第 7 节其他辅助服务空间的相关内容。

组团辅助服务空间的设计示例

▶ 组团辅助服务空间的设计示例分析

本示例为北方某高层养老设施中的组团辅助服务空间（图1.5.42）。该设施的收住对象以失能老人为主。组团平面呈"一"字形，每个组团的建筑面积为1030m²，设有40张床位。组团中辅助服务空间面积约60m²（占组团面积的5.8%），集中布置在平面中部北侧靠近主要交通核处。

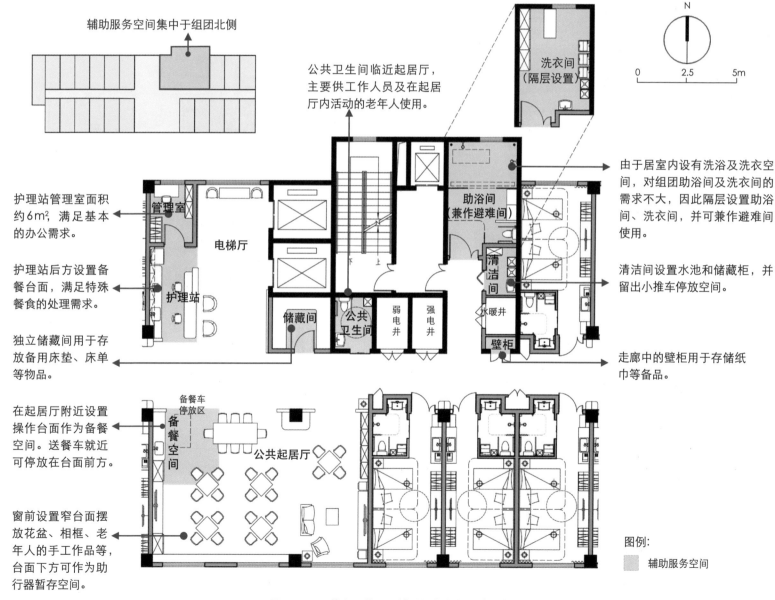

辅助服务空间集中于组团北侧

公共卫生间临近起居厅，主要供工作人员及在起居厅内活动的老年人使用。

护理站管理室面积约6m²，满足基本的办公需求。

护理站后方设置备餐台面，满足特殊餐食的处理需求。

独立储藏间用于存放备用床垫、床单等物品。

在起居厅附近设置操作台面作为备餐空间。送餐车就近可停放在台面前方。

窗前设置窄台面摆放花盆、相框、老年人的手工作品等，台面下方可作为助行器暂存空间。

由于居室内设有洗浴及洗衣空间，对组团助浴间及洗衣间的需求不大，因此隔层设置助浴间、洗衣间，并可兼作避难间使用。

清洁间设置水池和储藏柜，并留出小推车停放空间。

走廊中的壁柜用于存储纸巾等备品。

管理室　电梯厅　护理站　储藏间　公共卫生间　弱电井　强电井　水暖井　助浴间（兼作避难间）　清洁间　壁柜　洗衣间（隔层设置）

备餐车停放区　备餐空间　公共起居厅

图例：
辅助服务空间

图1.5.42　养老设施组团辅助服务空间设计示例

第 6 节

员工生活空间

员工生活空间的意义和常见设计问题

▶ **设置员工生活空间的重要意义**

本节所讲的员工生活空间，主要是指满足养老设施员工餐饮、住宿等日常生活需求的空间，具体包括员工宿舍、员工餐厅、员工活动区等。

一二线城市的养老设施中，有相当数量的员工来自外地。这些外来务工人员自身经济条件有限，加之大城市的房租和通勤成本较高，自行解决住宿问题存在较大困难。如果养老设施能够为员工配置宿舍及相应的生活配套设施，将有效缓解他们的生活压力，让他们更为安心地在设施长期工作，避免员工流失（图1.6.1）。

除此之外，在养老设施内部配置员工宿舍还有利于节约员工的上下班通勤时间。这样既可以节省员工的时间和精力，又可以避免在交接班（尤其是夜间交接班）时出现工作交接的问题。

因此，配备完善的员工生活空间虽然在项目前期增加了建设成本，但从整体和长远视角看，却有利于降低员工流失率，提高员工工作效率，保障养老设施稳定运营。

图1.6.1 养老设施设置员工餐厅，满足员工的日常餐饮需求

▶ **员工生活空间的常见设计问题**

① 宿舍数量不足	② 空间功能缺失	③ 男女宿舍不分区

部分养老设施在设计之初对员工住宿不够重视，且对需要留宿的员工人数估计不足，导致宿舍数量不够，每间住人较多、空间拥挤，相互干扰严重，员工生活和休息质量难以得到保障（图1.6.2）。

有些养老设施仅仅配置了员工宿舍，却忽略了员工在日常生活和工作中所需要的其他空间，如更衣、晾衣、活动等空间，无法保障员工的基本生活需求（图1.6.3）。

调研时经常发现，一些养老设施的员工宿舍没有注意男女分区，男女宿舍、卫浴混杂在一起。据多位养老院院长反映，这会给员工生活带来诸多不便，无法保障员工日常生活的私密性（图1.6.4）。

图1.6.2 员工宿舍人多拥挤，设施简陋

图1.6.3 服务台附近无员工更衣空间，其衣物只能放在服务台内

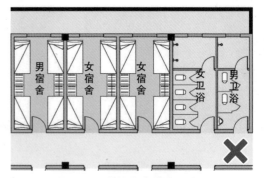

图1.6.4 员工宿舍男女不分区

员工生活空间的设计理念

▶ 理念1：结合工作制度，集约设置公共空间和设施

通过调研了解到，养老设施中的护理服务人员、保安人员等常会采用两班倒、三班倒等工作制度。这意味着在同一时段，有的员工在工作，有的员工在休息，并不会集中使用更衣、卫浴、餐厅等空间。因此，一些员工空间不必按照员工总数来配置，以免造成空间的浪费。

> **TIPS：倒班制度影响下的员工生活空间使用状态示例**
>
> 某养老设施一个护理站的4名护理员根据白、夜、休、休的倒班顺序依次进行工作。员工作息相互岔开，一天中这4人的工作状态是1人白班、1人夜班、2人休息，不会出现集中使用员工生活空间的情况。因此该设施员工所用的更衣间、卫浴间等空间是按照不到员工总数一半的人数来配置的。

▶ 理念2：考虑运营状态，灵活安排空间

在养老设施的运营过程中，员工的数量往往是处于动态变化中的，尤其是在养老设施刚刚开业的时期，员工人数不会很多。在这种情况下，可以考虑将部分员工生活空间暂时用于其他功能，以提高空间使用效率。例如，开业初期员工数量较少时可暂时利用走廊放大空间作为员工活动区和餐厅，而真正的员工活动区可先用作营销展示空间面向访客开放。

另外，必要时，其他空间也可临时用作员工生活空间。例如，运营初期，部分闲置的老年人居室可以考虑用作公司或集团培训人员的临时宿舍，以提高空间的使用效率。

▶ 理念3：重视员工的心理与精神文化需求，配置相应空间

① 丰富员工的业余生活

和入住老人一样，员工也长期生活在养老设施中。除了基本的食宿需求外，他们在业余时间也有学习、休闲、娱乐等多方面的需求，有条件时，应考虑设置相应的功能空间（图1.6.5）。

② 促进员工的日常交往

员工生活空间还需考虑设置一定的集体活动空间，让员工在工作之余可以开展聚餐、打球、看电视等集体活动，促进员工间的交流，增进感情，帮助他们缓解日常工作中的压力（图1.6.6）。

③ 保障员工的隐私和独立

员工生活空间宜形成一个相对独立的生活区，避免无关人员穿行。

男女员工宿舍区内部应设专供本区员工使用的卫浴空间，并注意男女宿舍和卫浴空间的相互分隔，保障员工日常生活的私密性（图1.6.7）。

图1.6.5　设置员工活动区并配备健身器材，供员工休闲、健身使用

图1.6.6　设置员工餐厅，可开展聚餐、聚会等员工集体活动

图1.6.7　员工宿舍区内部设专用的卫浴空间，保障员工洗浴、更衣的隐私

员工生活空间的设计原则

▶ 将员工宿舍及相应生活配套空间集中布置，形成"员工生活区"

考虑到便于集中使用、统一管理等需求，员工宿舍及相应的生活配套空间宜相对集中布置，形成较为独立的"员工生活区[1]"。员工生活区设计的基本原则如图 1.6.8 所示。

① 完整配置日常生活所需的空间和设施

员工在养老设施中居住、生活所需的住宿、卫浴、更衣、晾晒等空间需配置齐备。除此之外，还应根据具体条件，配置一些供员工活动、休息、娱乐的空间。

② 与交通核联系近便

条件允许时，可将员工生活区附近的交通核供员工专用，以形成相对独立、便捷的上下流线，避免与其他公共流线、污物流线交叉。

③ 尽量争取自然采光通风条件

员工生活区最好置于地上（例如顶层），以保证良好的自然采光通风条件。这一点对于地下层潮湿阴冷的南方地区尤为重要。

当受到条件限制不得不将员工生活区置于地下室或半地下室时，需设置窗井、采光中庭等来改善自然采光通风条件。

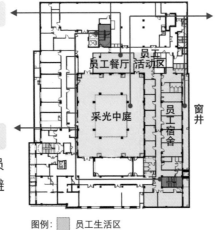

图例：▨ 员工生活区

图 1.6.8 员工生活区设计原则示意

TIPS：注意考虑非住宿员工的更衣、洗浴需求

在满足住宿员工各项需求的同时，也要考虑非住宿员工的日常需求。他们除了在上下班前后有更衣需求外，还可能在工作过程中或下班换衣服前有洗浴的需求，设计时需配置相应的空间。

根据运营管理方式的不同，非住宿员工的更衣、洗浴空间既可以独立集中设置，也可以临近其工作地点（如厨房、护理站等）设置。图 1.6.9 为国外某养老设施非住宿员工的更衣空间，该空间位于地下层，处于后勤入口较易到达的位置，且空间较大，能够应对该设施中数量较多的非住宿员工使用需求。

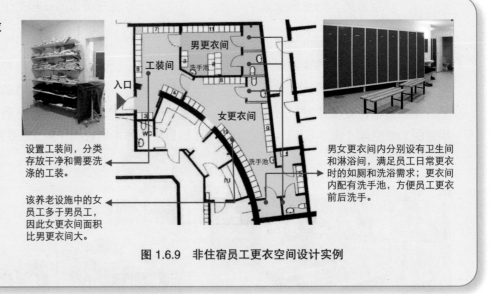

设置工装间，分类存放干净和需要洗涤的工装。

该养老设施中的女员工多于男员工，因此女更衣间面积比男更衣间大。

男女更衣间内分别设有卫生间和淋浴间，满足员工日常更衣时的如厕和洗浴需求；更衣间内配有洗手池，方便员工更衣前后洗手。

图 1.6.9 非住宿员工更衣空间设计实例

---

1 本节重点以员工生活区为对象进行说明，其他设置在护理服务组团中的员工更衣室、休息室等员工生活空间设计要求详见本章第 5 节"组团辅助服务空间"的相关内容。

员工生活区的功能配置

▶ 员工生活区的功能空间配置建议及设计注意事项

表 1.6.1 以一家典型的中等规模护理型养老设施为例,展示其中员工生活区的功能空间配置指标和设计要点。该设施共 250 张床位,配置了 90 位员工,其中住宿员工 50 余人。

员工生活区功能空间配置指标及设计要点说明　　　　　　　表 1.6.1

空间名称	房间面积指标建议	设计要点说明
员工宿舍	四人间为主每间 20~30m²	• 主要解决一线护理人员、行政管理人员、维修人员、安保人员等共计 50 余人的住宿问题; • 员工宿舍以四人间为主,少量配置单人间或双人间(可供夫妻员工使用)
宿舍区员工卫浴、更衣空间(女)	30~50m²	• 员工卫浴空间将更衣、洗浴、盥洗、如厕、洗衣、晾晒、清洁等功能集中设置,实现空间的集约利用; • 因养老设施中男员工数量少于女员工,男员工宿舍区的卫浴、更衣空间相对女员工宿舍区较小
宿舍区员工卫浴、更衣空间(男)	20~40m²	
员工餐厅	50~100m²	• 员工餐厅靠近厨房和员工生活区设置; • 考虑到员工通常分时就餐,员工餐厅以满足 30~50 人同时就餐为条件进行设置
员工生活区配套空间(活动、休息、茶水区等)	50~80m²	• 员工活动空间根据员工兴趣配置电视、台球桌、乒乓球桌、健身器材及其他娱乐设备; • 员工休息空间主要供员工休憩交谈、放松心情等使用,设置为相对安静、私密的区域; • 员工茶水区主要供员工打开水、制作与存放简单食物、洗涤餐具等使用,灵活布置在员工餐厅、活动室和休息室内

▶ 员工生活区的功能分区及流线组织示例

在图 1.6.10 的示例中,员工生活区集中布置于养老设施的地下一层,男女宿舍区分开设置,中部为可共用的员工活动区。

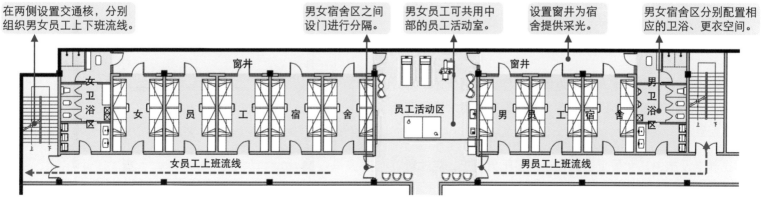

图 1.6.10　员工生活区布局示例及流线分析

员工生活空间的设计要点 ①
员工宿舍、员工卫浴空间

▶ 员工宿舍应满足员工的差异化居住需求

员工宿舍宜主要设置为四人间。若每间人数过多，则更容易因作息、倒班等因素而产生相互干扰（图 1.6.11）。

宿舍内需为每个人配置专用的桌椅、储物柜等家具，以保证使用的方便性和公平性。

此外，还可考虑配置少量带有独立卫浴、供 1~2 人居住的单居宿舍，既可满足夫妻员工或部门主管人员的居住需求，也可作为疫情时期的"隔离"用房（图 1.6.12）。

> **TIPS：员工宿舍内要附设卫生间吗？**
>
> 员工宿舍内设置卫生间时，不便集中清洁，容易出现杂乱、异味等问题，且员工倒班工作时间不同，使用卫生间如厕、洗浴时容易打扰同宿舍的人。通常不建议在员工宿舍内配置独立的卫生间，而是建议在宿舍外集中配置公共卫浴。

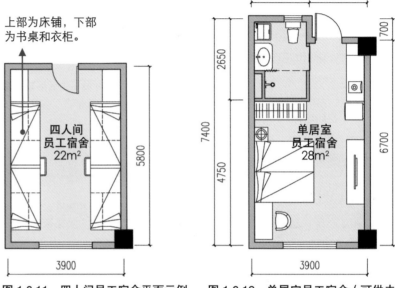

上部为床铺，下部为书桌和衣柜。

图 1.6.11 四人间员工宿舍平面示例   图 1.6.12 单居室员工宿舍（可供夫妻员工居住）平面示例

▶ 员工卫浴空间宜融合多种功能

员工宿舍区的公共卫浴空间应融合如厕、盥洗、洗衣、晾晒、更衣、洗浴、清洁等功能，以方便员工集中使用，同时节约空间（图 1.6.13）。

养老设施中一线护理人员多为倒班工作，如前所述，厕位、洗浴位数量不必设置过多，可根据实际需求进行测算配置。

在养老设施中，女员工的数量通常多于男员工，应注意为女员工配置面积更大的卫浴空间。

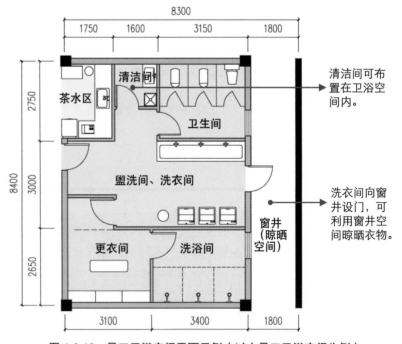

清洁间可布置在卫浴空间内。

洗衣间向窗井设门，可利用窗井空间晾晒衣物。

图 1.6.13 员工卫浴空间平面示例（以女员工卫浴空间为例）

员工生活空间的设计要点 ②
员工餐厅、员工活动区

▶ 员工餐厅应适用于多种集体活动

条件允许时，应尽量设置员工专用餐厅。条件有限难以配置员工餐厅时，可安排员工在老年人的公共餐厅错峰就餐。

为保障空间的高效利用，员工餐厅可按照"多功能活动厅"的定位来进行设计，以便满足就餐、休憩、聚会、会议等多种活动的使用需求（图 1.6.14、图 1.6.15）。

当员工餐厅置于地下层时，可通过设置窗井等手法来改善自然采光通风条件

员工餐厅宜临近厨房，最好设有与厨房连通的门和传菜窗口，以便饭菜直接由厨房运至员工餐厅

除设置餐桌椅外，还可设电视、健身器材等娱乐休闲设备

桌椅形式应易于移动和灵活组合，以适应多种活动需求

图 1.6.14 员工餐厅内设置电视，成为员工日常休憩、休闲的空间

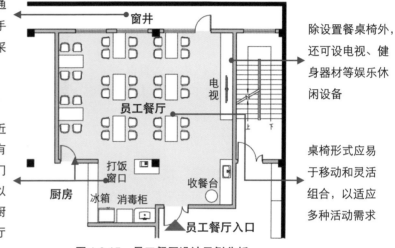

图 1.6.15 员工餐厅设计示例分析

▶ 员工活动区可根据员工兴趣配置多样化功能

与员工餐厅类似，员工活动区同样需要做到一室多用，可根据员工的兴趣爱好设置可进行乒乓球、台球、健身、放映等多种活动的空间（图 1.6.16、图 1.6.17）。当条件有限时，员工活动区可与其他空间（如员工餐厅）结合设置。

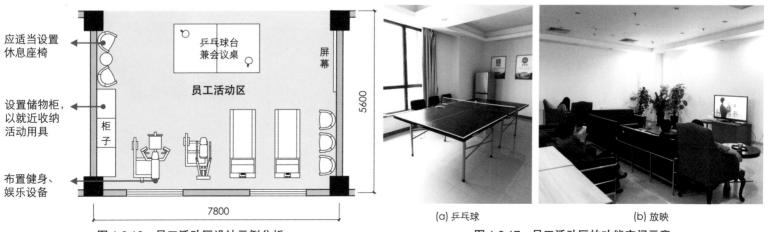

图 1.6.16 员工活动区设计示例分析

(a) 乒乓球　　　(b) 放映

图 1.6.17 员工活动区的功能空间示意

员工生活空间的设计要点 ③
员工休息室、员工茶水区

▶ 员工休息室可用于多种小型化活动

员工在日常工作和生活中有时会因疲劳、压力而出现情绪不佳等状况，可设置一间相对独立、私密的员工休息室，便于员工放松身心、调节心情，疏解工作压力。

员工休息室与员工活动区在功能上宜互为补充。员工休息室主要供员工开展个人或小规模的活动（图 1.6.18），而员工活动区则主要用于开展多人、集体性的活动。

员工休息室可作为"多功能室"使用，除具备上述提到的功能以外，也可用于员工接待家人、朋友，或开展小型座谈等活动。

图 1.6.18 员工休息室设置沙发和座椅，供员工休憩、谈话使用

▶ 员工茶水区灵活配置

员工在工作时的就餐、饮水需求可以在员工餐厅、护理组团内或办公区附近解决，但下班之后回到宿舍，同样也会有饮水、加餐的需求。因此，员工宿舍附近宜设置小型茶水区。茶水区可配备水池、冰箱、微波炉、开水机等，以供员工制作简单的食物和饮品、就近清洗餐具等（图 1.6.19）。

需要强调的是，员工茶水区并非必须专门配置一个房间，可以通过在员工活动区、员工餐厅、员工休息室等空间内配置相应的操作台面满足相应的使用需求（图 1.6.20）。

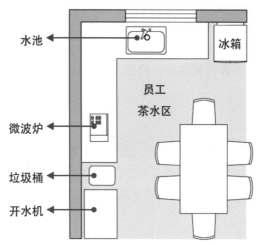

图 1.6.19 员工茶水区设计示例

图 1.6.20 员工茶水区满足员工制作简单食物和饮品的需求

员工生活空间的设计示例

▶ 员工生活区设计示例分析

图 1.6.22 展示了一家中等规模护理型养老设施的员工生活区平面图。该设施共设有 190 张养老床位，日常在设施中住宿的员工数量在 50 人左右。

员工生活区在设计时注意了男女员工宿舍的分区，并分别设置了卫浴空间及独立出入口。男、女员工宿舍主要采用四人间的形式，其中女员工宿舍 9 间、男员工宿舍 3 间。此外，还专门配置有 4 间可供夫妻员工、部门主管人员居住的单居宿舍。为了满足员工多样的生活需求，员工生活区内还配置了供员工用餐、活动、休息的空间。

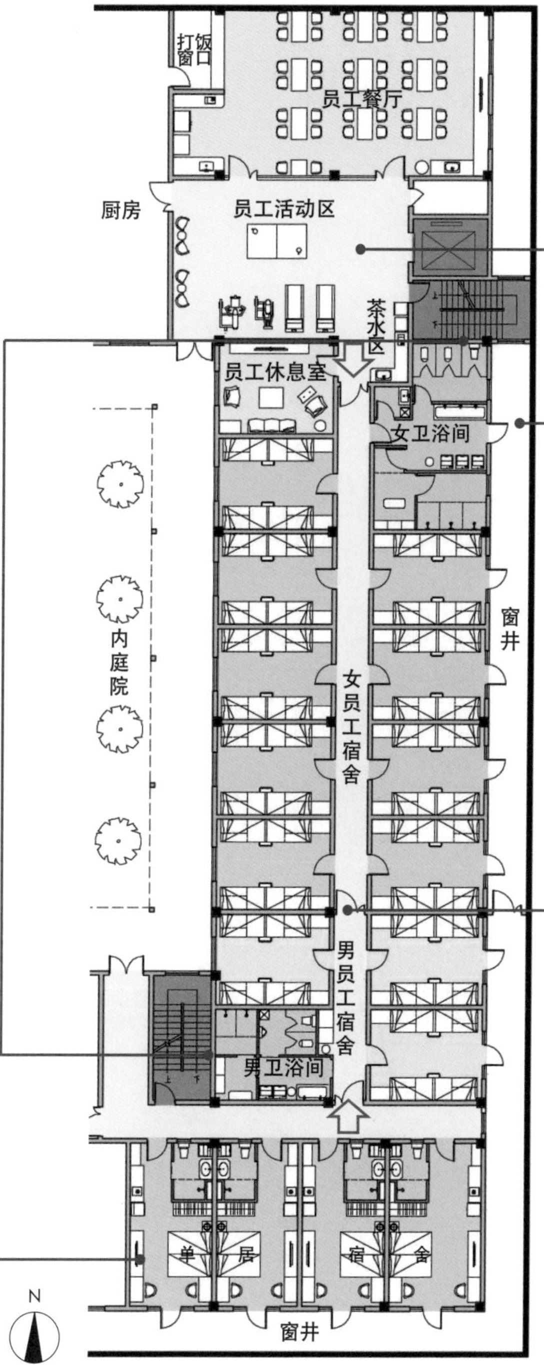

利用转角开敞空间设置员工活动厅，并就近设置员工休息室和茶水区。

利用窗井、内庭院进行采光通风，窗井内还可晾晒衣物（图1.6.21）。

图 1.6.21 员工在窗井内晾晒衣物

男女宿舍出入口分别就近楼梯
便于男女员工分别出入，便捷地前往各楼层工作地点。

设置单居宿舍，供夫妻员工、部门主管人员居住。

男女宿舍之间用门分隔，并分别配置男女卫浴间，保障私密性。

图 1.6.22 员工生活区设计示例分析

第 7 节

其他辅助
服务空间

库房与垃圾房的重要性与常见设计问题

▶ 养老设施中库房的重要性与常见问题

养老设施中有许多公共物品需要集中储存，例如批量采购的生活用品，备用的家具、设备、布草等。养老设施应设置专门的库房[1]来存放这些物品，这样既可以解决物品的储存需求，也有利于运营方对物品的进出及使用进行统一管理。

然而调研中发现，很多养老设施忽视了这方面的需求，在设计时没有考虑配置库房或未预留充足的面积，造成运营后需要占用其他空间（如未入住的老人居室、设备用房或楼梯间等）存放物品。这样既影响了其他空间的正常使用，也可能会因杂物乱堆带来安全隐患（图1.7.1、图1.7.2）。

▶ 养老设施中垃圾房的重要性与常见问题

养老设施是老年人集中居住和生活的场所，日常运营中会产生大量的生活垃圾，需要妥善考虑垃圾的收集和暂存问题。然而调研中发现，很多设施的垃圾房在选位及设计上都存在问题，对项目的品质和运营服务效率带来了不利的影响。

例如有的项目前期没有规划好垃圾房的位置，建成后的垃圾房距离老年人的居住楼栋过近，直接影响了居住环境品质，被老年人频频投诉（图1.7.3）。还有一些项目在设计时没有仔细考虑垃圾收集及清运的流线，造成运输距离过长，动线不便捷，既增加了员工的工作负担，又影响了养老设施的外部环境（图1.7.4）。

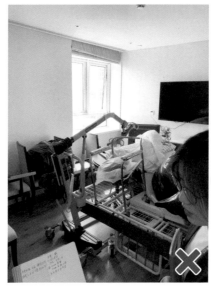

图1.7.1 设施内缺少库房，备品占用老人居室存放

图1.7.2 大量物品堆放在地下室的楼梯间及交通空间，影响消防疏散

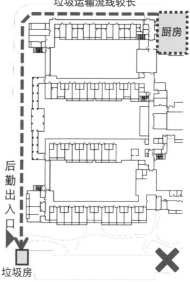

图1.7.3 垃圾房距离居住楼栋较近，遭到老年人投诉

图1.7.4 垃圾房位置选择没有考虑垃圾运输流线，导致运输距离过长

---

1 本节探讨的库房是指供整个养老设施共用的公共库房。除此之外，养老设施中还会分散设置其他储藏空间，例如组团储藏空间等。详见本章第6节"组团辅助服务空间"的相关内容。

库房的配置需求

▶ 库房配置应综合考虑物品特点及储存、管理需求

养老设施库房中经常存放的物品主要包括生活用品、家具、被服、设备、员工制服、医疗用品、护理耗材等。从保障安全卫生及方便管理的角度来讲，不宜将所有物品都存放于同一个库房，而应根据各类物品的特点及储存需求，结合运营方的管理方式，来确定具体的存储形式及库房数量、规模。

▷ 卫生纸、尿布、被服等在储存时需注意防潮

储存上述生活用品及布草的库房应设置外窗提供自然通风，或在库房中设置通风设备（图 1.7.5）。另外，气候潮湿地区的养老设施应避免将存放此类物品的库房设置于地下室，避免发霉。

▷ 家具设备需要占用地面储藏，需要预留相应的空间

床、桌椅等家具、轮椅辅具及一些家电设备等物品由于尺寸大小不一、形状各异，通常难以统一叠放或摆放，会占用库房中较多的地面面积。设计时应为此留够相应的空间（图 1.7.6）。

▷ 医疗用品、护理耗材等应独立存放

医疗用品及护理耗材的卫生要求较高，储存时需要与其他物品分开，独立存放（图 1.7.7）。

▶ 为老年人设置个人储物库房

老年人普遍有不愿丢弃旧物的特点，有条件的设施可专门设置一定的库房，作为老年人储存私人物品的空间。在参观调研国外项目时发现，许多养老设施都为老年人设置了存放闲置物品的库房（图 1.7.8），并得到了充分利用，国内设施也可考虑设置。

图 1.7.5　存放被服等布草的库房应有良好的通风，保持环境干燥

图 1.7.6　库房中部适当留空，便于存放小推车、吸尘器等设备

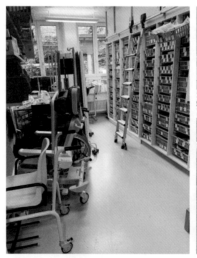

图 1.7.7　单独设置医疗用品库房，保证卫生安全

图 1.7.8　国外养老设施中专门设置的供老年人储物的库房

库房的设计要点

▶ 库房的位置应考虑物品运送及取用的便利性

方便物品运送：库房宜临近后勤出入口或后勤电梯，便于物品的运送。出入口附近应留出送货车辆临时停放及卸货的场地。有条件时，可将存放大件家具、设备的库房设置在设施的首层，并直接开设对外出入口，以方便大件物品的搬运（图1.7.9）。

方便物品取用：库房的位置同时还应考虑员工日常取用物品的方便性。一些存放专用物品的库房应就近该类物品的使用空间设置，以保证取货流线尽量短捷、顺畅，例如医疗用品库房应靠近养老设施的医疗空间设置。同时还应注意避免在取货流线上出现门槛或高差，影响物品搬运及运货小推车通行。

▶ 库房的面积配置建议

根据以往的调研经验，养老设施内各类库房的总使用面积可按0.4~0.6m²/床进行估算。在具体设计时，应注意单个库房的面积不宜过小，以免影响储物空间利用效率。通常单个库房的使用面积不宜小于10m²。

▶ 库房内的储物架形式

库房内宜采用开敞式储物架进行置物，物品储量一目了然，便于清点和管理。同时还应注意充分利用库房的竖向空间，提高空间使用效率（图1.7.10）。

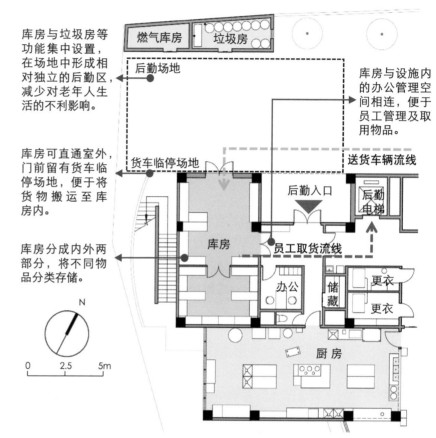

库房与垃圾房等功能集中设置，在场地中形成相对独立的后勤区，减少对老年人生活的不利影响。

库房与设施内的办公管理空间相连，便于员工管理及取用物品。

库房可直通室外，门前留有货车临停场地，便于将货物搬运至库房内。

库房分成内外两部分，将不同物品分类存储。

图1.7.9 某养老设施首层库房设计示例

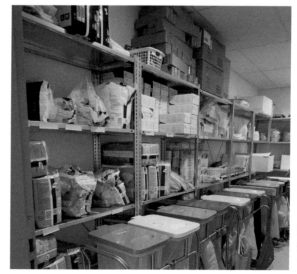

图1.7.10
开敞式货架使物品一目了然，利于清点和管理

垃圾房的设计要点

▶ **缩短员工收集垃圾的流线距离**

对于场地面积不大，仅由 1~2 栋建筑组成的养老设施，设置一处集中的垃圾房即可。通常来讲，厨房垃圾的清理频率及需求高于其他空间，可将垃圾房就近厨房布置。

对于大型养老项目，当场地较大且包含多栋建筑时，可分散设置多处垃圾收集点。

▶ **方便垃圾清运**

当设施中只设一处垃圾房时，位置上除了宜接近厨房外，还应靠近场地的后勤出入口（图 1.7.11），避免垃圾车穿行场地内的主要道路，造成污染或影响观瞻。

当项目中设置多个垃圾房时，其位置应结合场地的车行流线进行选择。例如可将垃圾房沿场地外侧道路边缘设置，使垃圾车无须进入场地内部便可完成垃圾收集与清运，减小对场地内主要生活区的影响（图 1.7.12）。

▶ **减小对周边环境的影响**

垃圾房应尽量布置在场地的下风向，同时应远离场地中主要人群活动及聚集场所。垃圾房与其他场地之间可设置适当的视线阻隔措施。

室外垃圾收集点需设置顶棚防雨、防晒；位于建筑内部的垃圾房应开设外窗并设置通风设备，促进异味排出。厨余垃圾（湿垃圾）易腐且异味较大，应避免存储在地下室等通风不良的位置。

垃圾房内应设置上下水，并选用防油污、易清洁的地面材质，便于清洁，保持良好的卫生环境（图 1.7.13）。

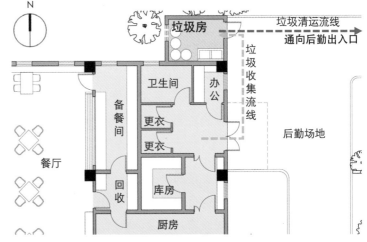

图 1.7.11　垃圾房位置靠近厨房及场地后勤出入口

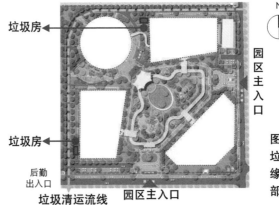

图 1.7.12
垃圾房设在场地边缘，减小对场地内部环境的影响

设置顶棚防雨、防晒。

半室外的空间形式，提供良好通风。

选用绿化种植界面遮挡视线。

地面材质防污、易清洁。

图 1.7.13　室外垃圾收集点设计实例

垃圾房的设计实例分析

▶ 养老设施垃圾房设计实例分析

本项目为日本东京的一所综合型养老设施。该设施在场地内共一栋建筑，总建筑面积 7335m²。设施垃圾房设于建筑首层西北侧，靠近场地的后勤出入口处，使用面积约 47m²。垃圾房内设有污物电梯、垃圾收集框、用水点以及分拣台面（图 1.7.14~ 图 1.7.18）。

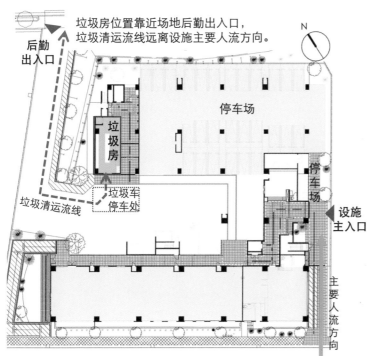

垃圾房位置靠近场地后勤出入口，垃圾清运流线远离设施主要人流方向。

后勤出入口

停车场

停车场

设施主入口

垃圾房

垃圾车停车处

垃圾清运流线

主要人流方向

图 1.7.14 养老设施首层平面及垃圾房位置示意

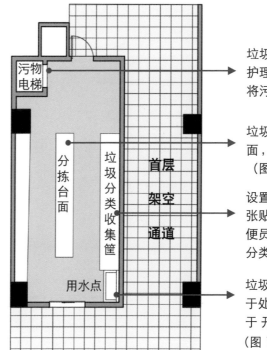

污物电梯

分拣台面

垃圾分类收集筐

首层架空通道

用水点

图 1.7.15 垃圾房平面设计分析

垃圾房内设置污物电梯，护理员可以从楼上用电梯将污物直接送至垃圾房内

垃圾房内设置垃圾分拣台面，供垃圾分类时使用（图1.7.17）

设置垃圾分类收集筐，并张贴了垃圾分类图示，方便员工、老年人进行垃圾分类（图1.7.17）

垃圾房内设置上下水，便于处理垃圾后洗手，也便于开展卫生清洁工作（图1.7.18）

图 1.7.16 垃圾房门前留有垃圾车停靠场地

垃圾分类指导

分拣台面

图 1.7.17 垃圾房内考虑了垃圾分类需求

图 1.7.18 垃圾房内设置用水点，便于开展清洁工作

第二章

医疗康复空间设计

CHAPTER.2

第 1 节

医疗康复空间
设计概述

养老设施医疗康复服务的需求特征

▶ 老年人对医疗康复服务的需求特征

相比于其他人群，老年人对医疗康复服务的依赖性更强，需求更为普遍。因此，老年人及其家庭在选择养老设施时，非常重视设施的医疗康复服务条件。作为设计师，充分理解老年人的身体状况和医疗康复服务需求特征，是做好相关功能空间设计的重要前提。

患有慢性疾病，需要长期治疗

我国有超过 75%[1] 的老年人至少患有一种慢性疾病。高龄老人"多病同患，带病生存"的状况较为普遍。大多数老年人需要长期服药、定期就医，部分老年人平时还需要接受注射、透析等专业的治疗和护理服务。

外出就医困难，需要就近看病

一些老年人身体行动不便、外出无人陪伴，加之医院距离远、排队时间长、手续烦琐，就医存在较大困难。希望能够在自己居住的设施或社区当中就近享受医疗服务，免去远距离奔波就医之苦。

身体机能衰退，需要康复训练

自然衰老、疾病或意外事故会导致老年人的身体机能出现不同程度的衰退，对他们的自理能力和生活质量造成不利影响。康复训练作为恢复和维持身体机能的有效手段，是养老设施入住老人普遍需要的一项服务。

担心突发急病，需要及时救助

疾病和死亡会给老年人带来恐惧和不安，对日常生活产生消极影响。因此，入住养老设施的老年人非常看重紧急情况下的医疗服务保障，在自己突发急病时，能够被及时发现，并得到有效的救治。

▶ 养老设施主要提供的医疗康复服务内容

根据我国有关养老设施的管理办法，养老设施应提供包括健康档案管理、健康教育、预防保健、危重症转诊等在内的医疗康复服务。结合实际项目调研情况，可将设施中常见的医疗康复服务归纳为表 2.1.1 中所示的四项内容。

养老设施常见的医疗康复服务内容　　　　　　　　　　　　表 2.1.1

日常护理服务	基础诊疗服务	康复保健服务	应急处置服务
		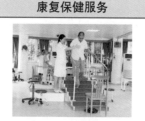	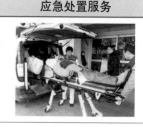
• 健康指标监测（如监测体温、血压、血糖、呼吸、心率等） • 日常用药管理（如收药、存药、取药、摆药、对药、发药等） • 常规治疗操作（如注射胰岛素、换药、更换胃管等）	• 老年人常见病、多发病（如心脑血管疾病、呼吸系统疾病、骨关节病等）的诊断和治疗 • 慢性病管理（如病情监测、定期检查、定期开药等）	• 能力评估（含日常生活活动、精神状态、感知觉与沟通、社会参与等） • 康复治疗（如运动治疗、作业治疗、理疗等） • 健康档案管理	• 紧急送医（急危重症的处置） • 隔离观察（隔离传染病疑似或确诊病例） • 临终关怀（开展缓和治疗）

1　数据来源：王丽敏，等. 中国老年人群慢性病患病状况和疾病负担研究 [J]. 中华流行病学杂志，2019，40(3)：277-283

养老设施提供医疗服务的政策背景和主要方式

▶ "医养结合"政策推动养老设施提供医疗服务

"医养结合"是我国近年来大力倡导的养老服务理念，具体指通过整合养老资源与医疗资源促进养老机构与医疗机构双向发展的社会机制，是我国多层次养老服务体系和"健康中国"战略的重要组成部分。

自2013年国务院《关于加快发展养老服务业的若干意见》提出"推动医养融合发展，探索医疗机构与养老机构合作新模式"以来，国家连续出台相关政策（图2.1.1），积极推动医疗服务与养老服务的融合发展，支持养老设施通过多种方式实现"医养结合"。进入"十三五"，"医养相结合"正式纳入我国养老服务体系的表述，随着大量配套政策的落地，全国各地的医养结合项目实践陆续展开，越来越多的养老设施开始提供医疗服务。

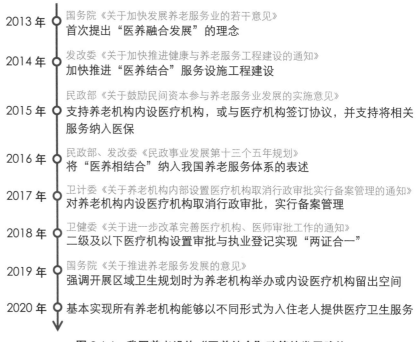

2013年	国务院《关于加快发展养老服务业的若干意见》 首次提出"医养融合发展"的理念
2014年	发改委《关于加快推进健康与养老服务工程建设的通知》 加快推进"医养结合"服务设施工程建设
2015年	民政部《关于鼓励民间资本参与养老服务业发展的实施意见》 支持养老机构内设医疗机构，或与医疗机构签订协议，并支持将相关服务纳入医保
2016年	民政部、发改委《民政事业发展第十三个五年规划》 将"医养相结合"纳入我国养老服务体系的表述
2017年	卫计委《关于养老机构内部设置医疗机构取消行政审批实行备案管理的通知》 对养老机构内设医疗机构取消行政审批，实行备案管理
2018年	卫健委《关于进一步改革完善医疗机构、医师审批工作的通知》 二级及以下医疗机构设置审批与执业登记实现"两证合一"
2019年	国务院《关于推进养老服务发展的意见》 强调开展区域卫生规划时为养老机构举办或内设医疗机构留出空间
2020年	基本实现所有养老机构能够以不同形式为入住老人提供医疗卫生服务

图2.1.1　我国养老设施"医养结合"政策的发展脉络

▶ 养老设施主要通过三种方式提供医疗服务

养老设施可以通过设立医疗机构（包括内设医疗机构和举办医疗机构）或者采取与周边医疗机构合作的方式，为老年人提供医疗服务（图2.1.2）：

① **内设医疗机构**：养老设施在内部设置自主运营的医务室、护理站等医疗机构，面向入住老人提供服务。

② **举办医疗机构**：养老设施在其附近举办社区卫生服务站等医疗机构，面向入住老人和外来患者提供服务。

③ **与周边医疗机构合作**：养老设施与周边的综合医院、急救中心、社区卫生服务中心等医疗机构签订合作协议，借助外部社会医疗资源，面向入住老人提供服务。

图2.1.2　养老设施提供医疗服务的三种主要方式

养老设施设立医疗机构的常见类型和配置要求

养老设施设立医疗机构的常见类型

在养老设施项目当中，需要综合考虑建筑规模、客群定位、人员配置和运营能力等因素，选择适宜设置的医疗机构类型。

根据我国现行的各类医疗机构基本标准和建设标准，并参考现阶段我国养老设施“医养结合”的建设经验，可将常与养老设施结合设置的医疗机构类型总结为图 2.1.3 中所示的 8 种，分别对应前述的“内设医疗机构”和“举办医疗机构”。

其中，护理站、医务室和社区卫生服务站这 3 类机构规模较小，在养老设施当中更为普遍；而社区卫生服务中心、护理中心、护理院、康复医疗中心、康复医院这 5 类机构的规模相对较大，在实际项目当中更多与大型养老设施或养老社区结合设置。

内设医疗机构
护理站
医务室
社区卫生服务站
社区卫生服务中心
护理中心
护理院
康复医疗中心
康复医院
举办医疗机构
养老设施当中最为常见的医疗机构类型
常与大型养老设施或养老社区结合设置

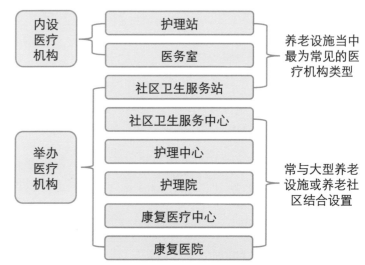

图 2.1.3 养老设施设立医疗机构的 8 种常见类型

养老设施设立医疗机构的配置要求

养老设施设立的医疗机构应满足医疗卫生部门的医疗机构基本标准，以及住建部门的建设标准和设计标准。表 2.1.2 从规模、用房、床位和人员等方面总结了我国现行标准中关于上述 8 种医疗机构的基本配置要求，供读者参考。

表中内容整理自截至 2020 年 6 月正在施行的各类医疗机构基本标准和建设标准，具体包括：《养老机构护理站基本标准（试行）》《养老机构医务室基本标准（试行）》《城市社区卫生服务中心、站基本标准》《社区卫生服务中心、站建设标准》《护理中心基本标准和管理规范》《康复医疗中心基本标准和管理规范》《护理院基本标准（2011 年版）》《康复医院基本标准（2012 年版）》等。

TIPS：养老设施内设“护理站”的含义

建筑设计和医疗卫生领域两个领域已经分别赋予了“护理站”以不同的含义（图 2.1.4）。因此在读到“护理站”一词时，需结合具体语境理解它的含义，以免出现偏差。

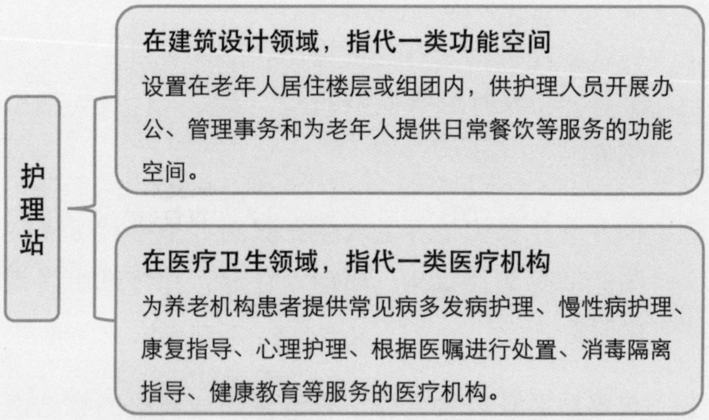

护理站
在建筑设计领域，指代一类功能空间
设置在老年人居住楼层或组团内，供护理人员开展办公、管理事务和为老年人提供日常餐饮等服务的功能空间。
在医疗卫生领域，指代一类医疗机构
为养老机构患者提供常见病多发病护理、慢性病护理、康复指导、心理护理、根据医嘱进行处置、消毒隔离指导、健康教育等服务的医疗机构。

图 2.1.4 “护理站”的两种不同含义辨析

养老设施设立医疗机构的配置要求

表 2.1.2

医疗机构类型	建筑面积要求	用房、床位和医护人员配置要求 其中正体字为标准当中规定该类医疗机构至少应该配置的用房 / 空间；斜体字为可以选择配置的用房（空间）； 如无特殊说明，括号中的面积均指使用面积
护理站	≥ 30m²	治疗室、处置室、医疗废物存放点 康复治疗人员 ≥ 1 人；护士 ≥ 2 人， > 100 床时，+1 人 /100 床；护士：护理人员 =1：2.5
医务室	≥ 40m²	诊室、治疗室（≥ 10m²）、处置室（≥ 10m²）、医疗废物存放点、*观察室（≥ 15m²）、康复室（建筑面积 ≥ 50m²）* 医师 ≥ 1 人；护士 ≥ 1 人， > 100 床时，+1 人 /100 床；其余人员按需配置
社区卫生服务站	≥ 150m²	全科诊室（≥ 10m²）、治疗室（≥ 8m²）、处置室（≥ 8m²）、预防保健室（≥ 10m²）、健康信息管理室（≥ 6m²）， *日间观察床位 ≥ 1 张，观察室（≥ 20m²）* 医师 ≥ 2 人；护士：医师 ≥ 1：1
社区卫生服务中心	≥ 1000m² 每设置一张病床至少增加 30m²	**临床科室：**全科诊室（≥ 10m²）、中医诊室（≥ 10m²）、康复治疗室（≥ 40m²）、抢救室（≥ 14m²）、预检分诊室（台）； **预防保健科室：**预防接种室（≥ 50m²）、儿童保健室（≥ 10m²）、妇女保健与计划生育指导室（≥ 18+10m²）、健康教育室（≥ 40m²）； **医技及其他科室：**检验室（≥ 18m²）、B 超室（≥ 12m²）、心电图室（≥ 12m²）、药房（西药房 ≥ 16m²、中药房 ≥ 16m²）、治疗室（≥ 8m²）、处置室（≥ 8m²）、观察室（≥ 60m²）、健康信息管理室（≥ 12m²）、消毒间（≥ 10m²）； 日间观察床位 ≥ 5 张，*病床（0~50 张）* 医师 ≥ 6 人，设病床时 +1 人 /5 床；护士 ≥ 9 人，设病床时 +1 人 /5 床，护士：医师 ≥ 1：1；其余人员按需配置
护理中心	无明确要求	接诊接待区、医学诊疗区、护理单元区 [患者居住室、护士站、治疗（配药）室、处置室、*康复治疗室*]、公共生活区、生活辅助区、*康复训练区*、护理床位 ≥ 20 床 医师 ≥ 2 人；专职护理人员（护士 + 护理人员）≥ 0.6 人 / 床，护士：护理员 =1：3~4；其余人员按需配置
护理院	无明确要求	**临床科室：**内科、康复医学科、临终关怀科（家属陪伴室）、病区（病室、护士站、治疗室、处置室，*康复治疗室* ）； **医技科室：**药剂科、检验科、放射科、营养科、消毒供应室； **职能科室：**医疗质量管理部门、护理部、医院感染管理部门、器械科、病案（统计）室、信息科；护理床位 ≥ 50 床 医师 ≥ 3 人，+1 人 /10 床；专职护理人员（护士 + 护理人员）≥ 0.8 人 / 床，护士：护理员 =1：2~2.5；其余人员按需配置
康复医疗中心	设住院床位时 ≥ 1000m² 且 ≥ 50m²/ 床	接诊接待区、康复治疗区、康复训练区（≥ 200m²）、生活辅助区、住院康复病区；住院康复床位 ≥ 20 张 卫生技术人员 ≥ 0.5 人 / 床，医师：康复治疗师：护士 ≥ 1：2：3；其余人员按需配置
康复医疗中心	无住院床位时 ≥ 500m²	接诊接待区、康复治疗区、康复训练区（≥ 200m²）、生活辅助区，日间康复床位 ≥ 10 张 医师 ≥ 1 人，康复治疗师 ≥ 2 人，护士 ≥ 2 人
康复医院（二级）	≥ 8500m² 且 ≥ 85m²/ 床	**临床科室：**骨关节康复科、神经康复科、儿童康复科、老年康复科、听力视力康复科、疼痛康复科中的 3 个科室、内科、外科、重症监护室； **治疗科室：**物理治疗、作业治疗、言语治疗、传统康复治疗； **评定科室：**运动平衡功能评定、认知功能评定、言语吞咽功能评定、作业日常生活活动能力评定、神经电生理检查、听力视力检查中的 5 个评定科室； **医技科室：**超声科、检验科、放射科、药剂科、消毒供应室； **职能科室：**医疗质量管理部门、护理部、医院感染管理科、信息科、器械科、病案（统计）室、社区康复服务科室（部门）；住院康复床位 ≥ 100 床 卫生专业技术人员 ≥ 1.2 名 / 床，医师 ≥ 0.15 名 / 床，康复治疗师 ≥ 0.3 名 / 床，护士 ≥ 0.3 名 / 床，其余人员按需配置

医疗康复空间的常见设计问题

▶ 医疗机构功能定位盲目

一些养老设施在设立医疗机构时对其功能定位的考虑较为盲目，导致空间设计呈现出两种极端情况。一部分设施的医疗康复空间定位过高、规模过大，远超出了设施的使用需求和运营能力。这些设施建成后，既招收不到提供服务的医护人员，又吸引不来就医的患者，导致医疗康复空间长期处于闲置状态，给运营和维护带来了巨大负担（图 2.1.5）。另一部分设施在设计时则几乎没有考虑任何的医疗康复空间需求，甚至连最基本的医护人员办公空间和老年人药品存放空间都没有设置，导致设施的常规医疗服务难以得到有效保障。

图 2.1.5　某养老设施当中面积近 600m² 的康复大厅利用不充分且能耗巨大

▶ 医疗服务流线组织混乱

部分养老设施在设计之初没有对医疗康复空间的流线组织进行周密考虑，导致投入运营后暴露出了流线曲折、穿行、冲突等问题（图 2.1.6），一定程度上影响了设施的运营服务效率，降低了老年人的居住生活品质。

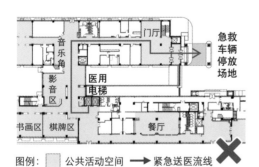

图 2.1.6　紧急送医流线穿越公共活动空间，给入住老人造成不安情绪

▶ 医疗功能空间缺失或不足

一些设施虽然设置了医疗康复区，但却忽略了摆药室、医疗废物暂存点等重要的功能空间，给运营服务造成了较大的困难。实际运营中，不得不将老人居室或其他功能空间改造为相关用房，以弥补功能空间的缺失（图 2.1.7）。

图 2.1.7　某设施由于未按规定设置功能用房，不得不将一间老人居室改为抢救室

▶ 医疗空间氛围机构化

调研发现，不少养老设施的医疗康复空间都采用了传统医疗机构的设计标准和室内装修风格，如图 2.1.8 所示，这家养老设施的医疗康复空间在视觉上具有较强的机构感，容易让老年人联想到医院环境，产生紧张和不安的感受。

图 2.1.8　某设施采用机构化的医疗康复空间设计风格，缺乏温馨感受

医疗康复空间的
位置选择与流线组织原则

▶ 方便就医人员到达

医疗康复空间，尤其是面向外来患者开放的医疗康复空间，应位于流线近便、易于到达的位置，避免将其安排在流线曲折或需要穿行其他功能空间的位置（图 2.1.9a）。

▶ 妥善处置紧急情况

流线设计应考虑应对传染病疫情、送医抢救、老年人去世等紧急情况的处置方法，以便妥善应对突发情况。避免相关流线穿行照料单元和公共活动区域，影响入住老人的正常生活。

▶ 缩短医护服务距离

医护人员工作空间应尽量临近服务对象，保证在老年人突发急病时，医护人员能够第一时间赶到；同时方便医护人员开展日常送药、巡诊等医疗护理服务，提高效率（图 2.1.9b）。

▶ 避免流线穿行交叉

医疗康复空间的位置选择与流线组织应满足洁污分流、公私分流、内外分流的要求，特别注意避免外部患者干扰入住老人的生活（图 2.1.9c）。

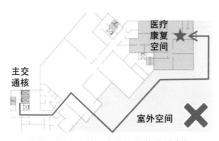

(a) 入住老人就医流线需绕行室外空间

(b) 医疗康复空间远离老人居室，服务流线过长

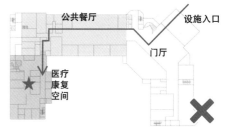

(c) 外来患者就医流线穿行设施内的公共餐厅

图 2.1.9 养老设施医疗康复空间位置分布与流线设计的常见问题

TIPS：养老设施医疗康复空间重要流线的检查清单

入住老人就医流线

入住老人往返居室和医疗康复空间时：
- 应避免行经室外空间
- 应避免穿行其他护理组团
- 应避免换乘电梯和绕行

隔离观察流线 / 医疗废物流线

出入隔离观察区，以及医疗废物外运时：
- 应避免穿行清洁区
- 应避免与清洁区域共用出入口

外来患者就医流线

外来患者前来医疗康复空间就诊时：
- 应避免与养老设施共用出入口
- 应避免穿行入住老人的护理组团
- 应避免穿行入住老人的公共空间

医护人员巡诊流线

医护人员到各个老人居室巡诊时：
- 应避免行走距离过长
- 应避免频繁往返护理站

紧急送医流线 / 遗体外运流线

急危重症老人紧急送医以及去世老年人遗体外运时：
- 应避免穿行其他护理组团
- 应避免穿行公共活动空间
- 应避免使用主交通核的客用电梯
- 应避免通过设施主入口
- 应避免沿途出现通行障碍
- 沿途应设有可供短暂停留等候的空间

2-1

医疗康复空间的
位置分布与流线组织示例

▶ **医疗康复空间位置分布示例分析**

在养老设施建筑当中，不同类型的医疗康复空间适合布置在不同的位置，分布情况如图 2.1.10 所示。

① 标准层的照料单元

护理站等小型的养老设施内设医疗机构宜布置在标准层的照料单元附近或内部，这里与老人居室联系近便，适合医护人员开展值班、分药和治疗准备工作，有助于缩短巡诊流线，提高服务效率。当设置多个照料单元时，护理站通常设置在楼层位置相对居中，或老年人护理程度较高的照护单元中。

通过后勤电梯实现内部串联

各层医疗康复空间宜通过后勤电梯实现内部交通联系，以方便相关人员和物资的运输。为满足紧急送医需求，有条件时，后勤电梯宜采用可容纳担架或护理床的医用电梯。

② 近地层的公共空间

集中的医疗康复空间适合布置在养老设施的近地层，有条件时宜布置在首层，以方便入住老人和外来患者到达。划分独立分区，便于单独运营管理。

设置对外出入口

近地层空间与外部的联系更为紧密，更易于划分出独立的管理分区，方便对外营业，是设置集中医疗康复区的首选位置。

③ 首层或地下层的后勤空间

隔离观察室、告别室等空间需要与老年人的主要活动空间分隔开来，以避免对入住老人的日常生活产生影响，因此更适合布置在首层或地下层的后勤空间中，并临近停车场地。

与地下车库联系密切

便于养老设施进行急危重症老年人和去世老年人遗体的转运。

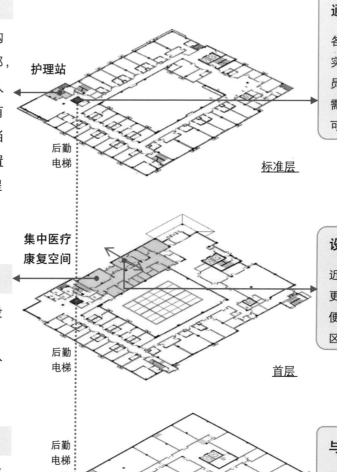

图 2.1.10　养老设施医疗康复空间（紫色区域）的位置分布示意图

▶ 医疗康复空间流线组织示例分析

在养老设施当中，与医疗康复空间密切相关的流线主要包括入住老人就医流线、医护人员巡诊流线、外来患者就医流线、紧急送医流线、遗体外运流线、隔离观察流线和医疗废物流线。图 2.1.11 通过一个示例展示了这些流线在养老设施建筑当中的组织情况。

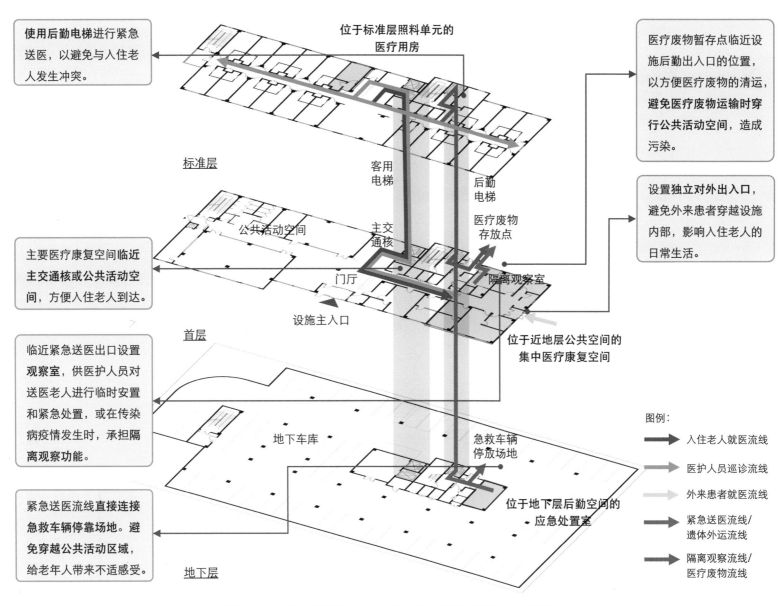

图 2.1.11　养老设施医疗康复空间（紫色区域）流线组织示例分析

医疗康复空间的灵活配置原则

▶ 医疗康复空间的灵活配置需求

① **空间利用方面**：养老设施当中留给医疗康复空间的面积通常较为有限，因此空间利用应尽可能集约、高效。部分医疗康复空间可与其他功能空间合设，部分医疗康复服务可由医护人员到照料单元或老人居室当中提供。

② **人员配置方面**：对于一个中等规模养老设施的内设医疗机构而言，配置3~5名医护人员（含兼职）是较为常见的情况，人力配置较为有限，难以同时照看和运营过多的用房，因此医疗康复功能空间的设置应有助于节约人力。

③ **服务对象方面**：由于养老设施设置的医疗机构最主要的功能是为入住老人提供医疗康复服务，服务对象相对固定，因此在就诊流程上通常可以省略挂号、收费等环节，缩短候诊时间，并简化相关功能空间的需求。

④ **运营管理方面**：在养老设施运营的全生命周期当中，使用需求有可能受到入住情况、突发事件等因素的影响而发生变化，医疗康复空间作为养老设施当中空间相对独立、位置条件较好的功能用房，应具备灵活应对这些变化的条件。

▶ 灵活配置手法① 合并设置形式、功能和面积相近的功能用房

窗口服务类空间	小型诊疗类空间	应急处置类空间
设置一处窗口服务类空间，由一名医疗专业人员面向患者及家属提供挂号、收费、咨询、取药等综合服务（图2.1.12）。	设置小型诊疗类空间，通过分时利用兼顾诊疗、医护人员办公、健康档案管理、预防保健、能力评估、心理咨询等功能（图2.1.13）。	设置一处应急处置类空间，兼顾隔离观察、抢救、临终关怀、遗体暂存等发生频率较低的应急处置功能需求（图2.1.14）。

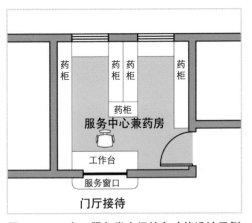

图2.1.12　窗口服务类空间的多功能设计示例

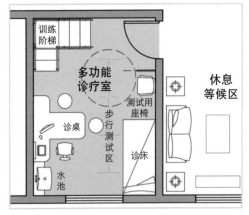

图2.1.13　小型诊疗类空间的多功能设计示例

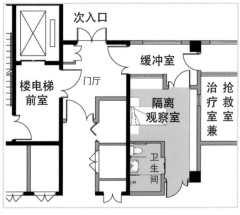

图2.1.14　应急处置类空间的多功能设计示例

▶ 灵活配置手法② 进行弹性设计

养老设施当中的医疗康复空间通常位于建筑平面中交通较为便利、空间相对独立的端部（图 2.1.15a），适宜作为设施中预留的弹性空间，用以应对运营过程当中可能发生的使用需求变化。因此，在医疗康复空间的设计当中，应结合空间特点和可能出现的使用场景给予针对性的设计考虑，具体体现在以下两个方面。

一是，养老设施从开业到住满，从建成到实现医保定点，从招聘员工到服务团队成型，需要经历一段不短的时间。在这个过程当中，医疗康复空间往往不能完全投入运营。通过设置轻质隔墙等方法，使医疗康复空间在开业初期临时用作销售展示、服务体验等功能空间，有助于提高空间利用效率，避免空间在运营初期处于闲置状态（图 2.1.15b）。

二是，在养老设施运营的过程当中，可能会遇到传染病疫情、自然灾害等突发情况。为妥善应对这些情况，养老设施通常需要快速建立起隔离观察区、临时安置点等功能空间。当医疗康复空间集中布置在养老设施建筑的首层时，通过设置相对独立的功能分区，设置对外出口，配置必要的水电点位和储藏空间，能够使医疗康复空间实现快速的功能转换，满足紧急情况的处置需求（图 2.1.15c）。

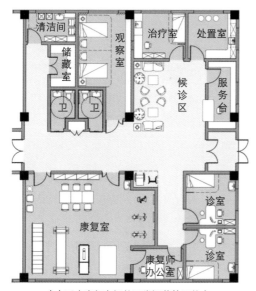

(a) 医疗康复空间的正常运营使用状态

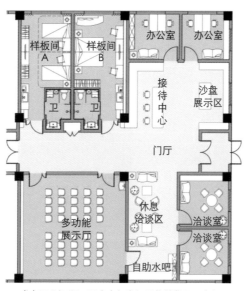

(b) 开业初期，医疗康复空间用作销售展示空间

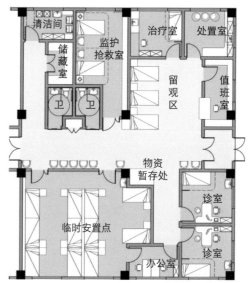

(c) 出现灾情时，医疗康复空间用作临时安置空间

图 2.1.15　医疗康复空间的弹性设计示例

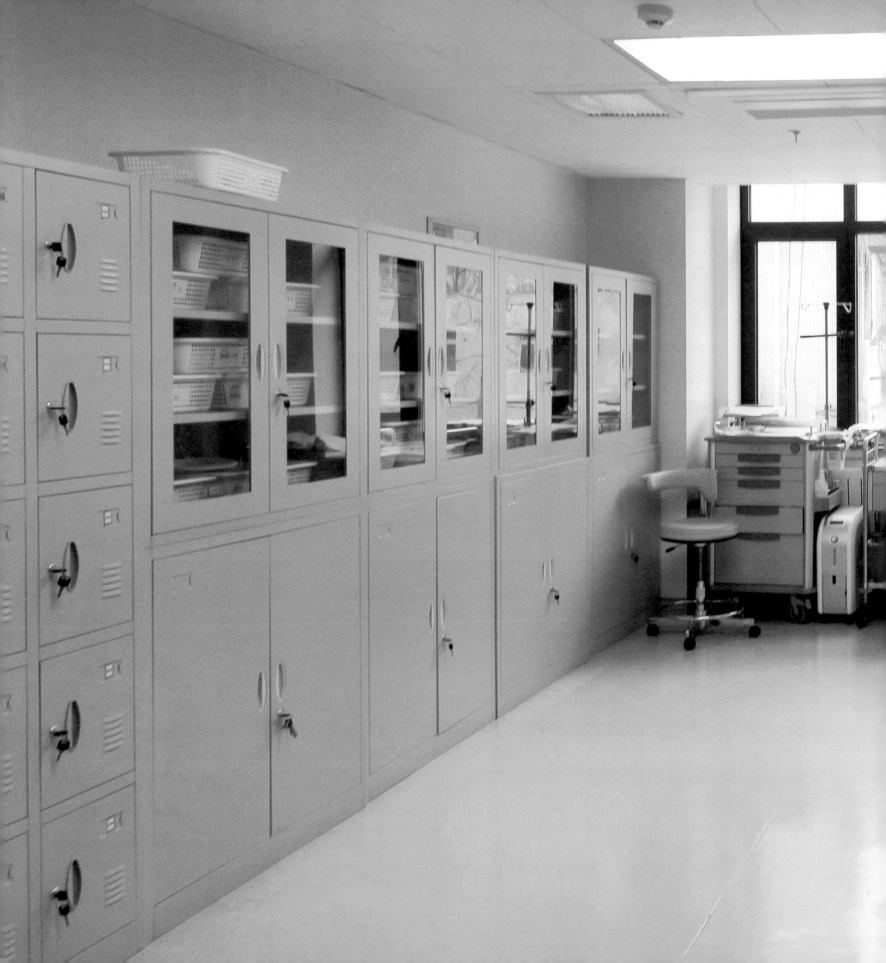

第 2 节

医疗空间

养老设施医疗空间的配置模式

▶ 医疗空间的四种配置模式

根据各类医疗机构的基本标准和养老设施的设计实践经验，当养老设施设立医疗机构时，其中的医疗空间配置模式大致可划分为以下四种。它们所参照的基本标准、建筑面积要求和常见用房组合配置模式如表 2.2.1 所示，在养老设施建筑剖面上的空间位置关系示意如图 2.2.1 所示。

养老设施医疗空间的四种配置模式 表 2.2.1

医疗空间配置模式	建筑面积要求	参照标准	常见用房组合配置模式 其中●表示"应配置"，◎表示"建议配置"，○表示"可配置"								
			治疗室	处置室	诊室	摆药室／药房	医疗废物存放点	观察室／床位	康复室	预防保健室	健康信息管理室
模式①：内设护理站	≥ 30m²	《养老机构护理站基本标准（试行）》	●	●	◎	◎	●	○	○	○	○
模式②：内设医务室	≥ 40m²	《养老机构医务室基本标准（试行）》	●	●	●	◎	●	◎	◎	○	○
模式③：配套社区卫生服务站	≥ 150m²	《城市社区卫生服务站基本标准》《社区卫生服务中心、站建设标准》	●	●	●	◎	●	●	◎	●	●
模式④：与大、中型医疗机构结合设置	≥ 1000m²	社区卫生服务中心参照《城市社区卫生服务中心基本标准》《社区卫生服务中心、站建设标准》 护理中心参照《护理中心基本标准（试行）》 护理院参照《护理院基本标准（2011年版）》 康复医疗中心参照《康复医疗中心基本标准（试行）》 康复医院参照《康复医院基本标准（2012年版）》									

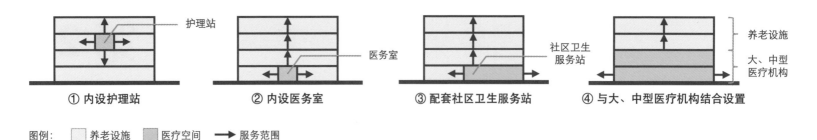

图例： □ 养老设施 ■ 医疗空间 → 服务范围

图 2.2.1 养老设施医疗空间四种配置模式的剖面示意图

养老设施医疗空间的配置示例

① 内设护理站

▶ 内设护理站的设计要求

护理站是可设置在养老设施当中的、规模最小的医疗机构，主要面向入住老人提供常见病、多发病护理，慢性病护理，康复指导，心理护理，根据医嘱进行处置，消毒隔离指导，健康教育等服务。由于不要求配备医师，所以不能提供诊疗服务。

▶ 内设护理站的设计示例

本示例中（图 2.2.3），护理站位于特护标准层，无论在水平方向还是垂直方向都位于居住空间较为居中的位置，护理服务流线较为近便，有助于医护人员为老年人，尤其是护理程度较高的老年人提供及时、周到的护理服务，提高服务效率，减轻工作负担。

在空间配置方面：护理站应至少包含治疗室和处置室两个独立的功能空间。有条件时，还可设置独立的分药室和医护人员办公室。用房和人员配置标准详见本章第 1 节表 2.1.2。

在位置选择方面：应尽可能靠近有护理服务需求的入住老人居住空间。通常设置在老年人护理程度较高、楼层位置相对居中的照料单元内部或附近（图 2.2.2）。

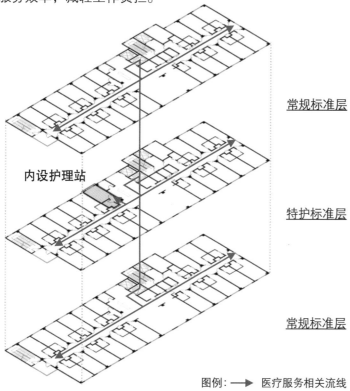

常规标准层

特护标准层

常规标准层

内设护理站

图例：⟶ 医疗服务相关流线

图 2.2.2 内设护理站在养老设施当中的位置和服务流线示例

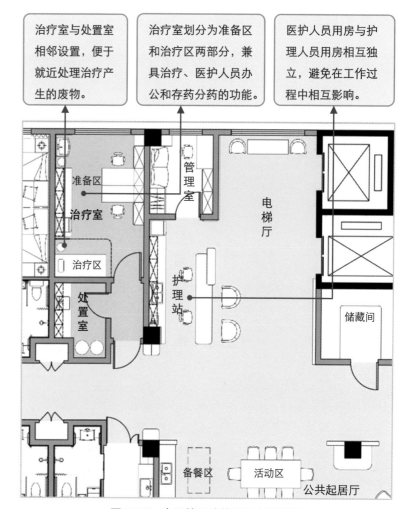

治疗室与处置室相邻设置，便于就近处理治疗产生的废物。

治疗室划分为准备区和治疗区两部分，兼具治疗、医护人员办公和存药分药的功能。

医护人员用房与护理人员用房相互独立，避免在工作过程中相互影响。

准备区

治疗室

治疗区

处置室

管理室

护理站

电梯厅

储藏间

备餐区

活动区

公共起居厅

图 2.2.3 内设护理站的平面布置示例

养老设施医疗空间的配置示例
② 内设医务室

▶ 内设医务室的设计要求

与护理站类似，医务室也是一种养老设施内设医疗机构，主要面向养老设施入住老人提供老年保健，一般常见病、多发病诊疗、护理，诊断明确的慢性病治疗，急诊救护等服务。相比于护理站，医务室主要增加了基础诊疗的服务功能。

在空间配置方面：医务室应至少包含诊室、治疗室和处置室三个独立功能空间。用房和人员配置标准详见本章第1节表2.1.2。

在位置选择方面：内设医务室通常设置在养老设施近地层的公共区域，多位于首层平面的端头处，以便形成相对独立、完整的功能区域，并设置独立出入口，满足入住老人紧急送医和快速搭建隔离区的空间和流线要求（图2.2.4）。

▶ 内设医务室的设计示例

本示例中（图2.2.5），医务室位于首层平面的一端，形成了一片独立的医疗区，位置易达且便于管理。

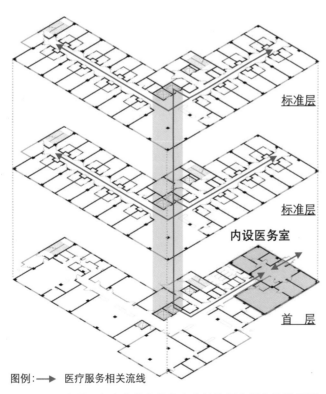

图例：→ 医疗服务相关流线

图2.2.4　内设医务室在养老设施当中的位置和服务流线示例

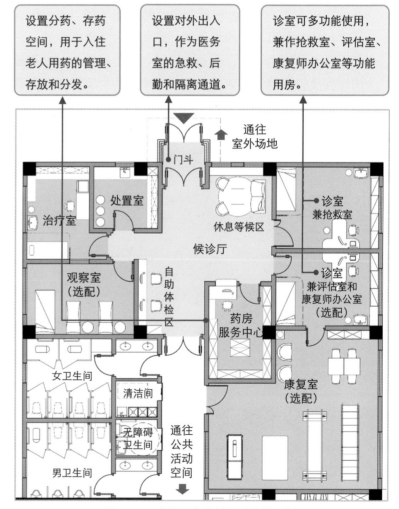

> 设置分药、存药空间，用于入住老人用药的管理、存放和分发。

> 设置对外出入口，作为医务室的急救、后勤和隔离通道。

> 诊室可多功能使用，兼作抢救室、评估室、康复师办公室等功能用房。

图2.2.5　内设医务室的平面布置示例

养老设施医疗空间的配置示例
③ 配套社区卫生服务站

▶ **配套社区卫生服务站的设计要求**

社区卫生服务站是能够独立设置、独立运营的规模最小的医疗机构。相比于护理站和医务室，它的最主要区别在于，除面向入住老人，还可面向周边社区居民提供社区基本公共卫生和医疗服务。

在位置选择上：为方便周边社区居民进入，养老设施配套的社区卫生服务站通常设置在建筑的近地层。

▶ **配套社区卫生服务站的设计示例**

本示例中（图 2.2.7），在首层设置了社区卫生服务站，面向外来患者和入住老人提供医疗康复服务。此外，还在标准层设置了医疗护理用房，满足入住老人的日常护理需求。

在空间配置上：社区卫生服务站用房和人员配置标准详见本章第 1 节表 2.1.2。这类医疗机构一般仅在日间营业，营业期间能满足入住老人的医疗服务需求，但无法在夜间提供服务。因此，建议除了在近地层设置社区卫生服务站外，还应在设施内部设置少量医疗用房，以更好地满足入住老人夜间的相关医疗服务需求，具体形式可参考内设护理站或医务室（图 2.2.6）。

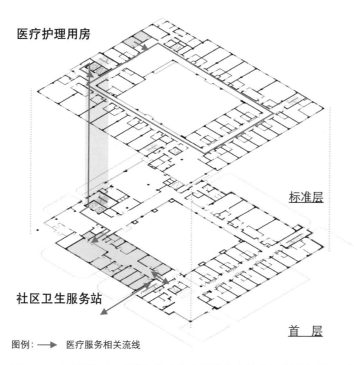

图例：➡ 医疗服务相关流线

图 2.2.6　配套社区卫生服务站在养老设施当中的位置和服务流线示例

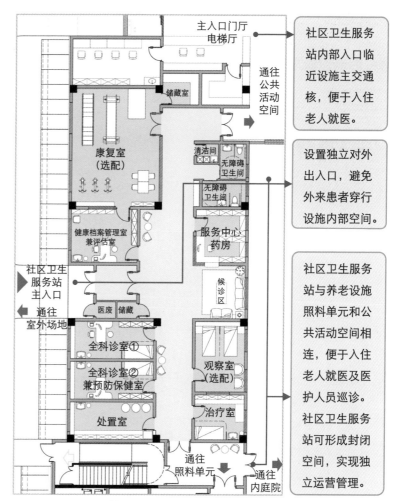

社区卫生服务站内部入口临近设施主交通核，便于入住老人就医。

设置独立对外出入口，避免外来患者穿行设施内部空间。

社区卫生服务站与养老设施照料单元和公共活动空间相连，便于入住老人就医及医护人员巡诊。社区卫生服务站可形成封闭空间，实现独立运营管理。

图 2.2.7　养老设施配套社区卫生服务站的平面布置示例

养老设施医疗空间的配置示例
④ 与大、中型医疗机构结合设置

▶ **养老设施与大、中型医疗机构结合设置的优势与挑战**

在一些大型养老社区或医养结合项目中，通常会将养老设施与综合医院、康复医院、护理院、社区卫生服务中心等大、中型医疗机构结合设置，这样一方面有助于医疗机构在服务社会患者的同时，兼顾养老设施入住老人的医疗服务需求；另一方面也能够充分发挥养老设施在专业照护和康复治疗方面的优势，承接医疗机构转诊的老年患者，避免医疗机构出现"压床"现象。但相较前述三种配置模式，这种配置模式也面临投资数额大、回收周期长、运营难度高等诸多挑战，配置时需谨慎考虑。

▶ **养老设施与大、中型医疗机构结合设置的设计要点**

养老设施与大、中型医疗机构结合设置时，应注意明确划分两者的范围，分别设置独立出入口、楼电梯等交通空间，避免流线交叉，造成相互干扰。在此基础上，可通过相邻建设、设置连廊等方式加强养老设施与医疗机构的空间联系（图2.2.8）。

注：由于大、中型医疗机构的建筑设计专业性强、复杂度高，已经超出了养老设施的考虑范畴，因此本书仅对养老设施与大、中型医疗机构结合设置的空间模式进行探讨，如需学习医疗建筑设计，可参考其他相关规范标准和专业书籍。

▶ **养老设施与大、中型医疗机构结合设置的设计示例**

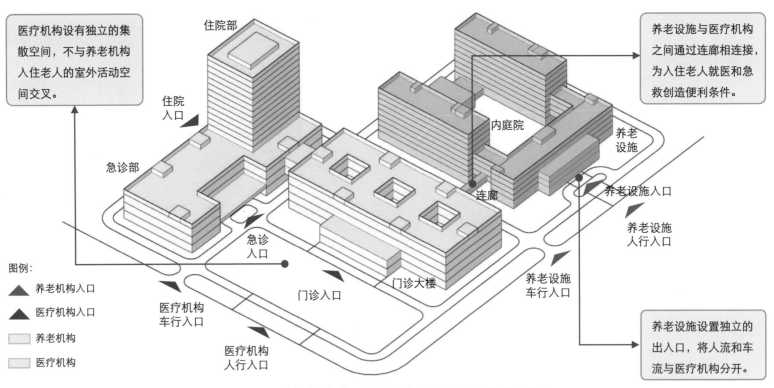

图2.2.8　养老设施与大、中型医疗机构结合设置的轴测图示例

医疗空间的功能构成

▶ 构成医疗空间的功能用房（空间）及其配置建议

基于医疗机构基本标准和以上四种医疗空间配置模式，将养老设施当中常见的医疗功能用房（空间）总结如表 2.2.2 所示。设计时需结合养老设施的具体情况，选择适宜的配置模式，并参照相关要求，选取对应的功能用房（空间）进行配置。下表中，名称后带有 ※ 的功能用房（空间）更为重要，本节中将对其设计要点进行具体讲解。

医疗空间的功能构成和配置建议　　　　　　　　　　　　　　　　　　　表 2.2.2

功能用房（空间）名称	主要功能及配置建议
诊室 ※ （含医护人员办公室）	供医生接待患者，对患者进行物理检查。可与评估室、健康信息管理室等功能空间结合设置。在养老设施当中，诊室还常兼作医护人员值班、办公和夜间值班休息的空间
存药和分药空间 ※ （含药房/分药室/分药区等）	供护士或药剂师为患者收集、储存和分发药品。养老设施涉及的药品主要包括每位入住老人的日常用药和养老设施的储备用药；当医疗机构对外营业时，还需按照药品目录储藏与医疗机构等级相匹配的药品
观察室 ※ [含（隔离）观察区/观察床位等]	供医护人员对患者进行医学观察和诊疗。主要用于对身体状况不稳定的老年人进行密切观察和及时处置，或对感染传染性疾病的老年人进行隔离观察。有条件时，可附设卫生间
治疗室 ※	供护士准备和实施注射、换药等治疗操作。通常包括治疗区（室）和准备区（室）两部分，其中准备区（室）主要供医护人员进行治疗前的准备工作，如配置药液、准备治疗器械等，平时用于存放无菌用品、清洁物品和药品等；而治疗区（室）则主要用于对患者实施治疗操作。为保证空间的洁净度，治疗室宜独立设置。在护理站、医务室等内设医疗机构当中，治疗室有时也用于药品的存放和分拣
处置室 ※	供护士分类处置和存放治疗产生的医疗废物及需要浸泡消毒的医疗物品。具有一定的污染性，应独立设置
服务中心/台 ※	供医护人员面向患者及家属提供咨询、导医、挂号、收费、值班、办公等服务，有时也承担协调处理突发情况的职能。护理站、医务室等内设医疗机构因人员配置数量较少、就医流程相对简单，所以无须配置这一空间；对于社区卫生服务站等规模较小的医疗机构，可将服务中心/台与药房结合设置
候诊区 ※	供患者在就诊过程中休息等候。对于规模较小的医疗机构，可通过利用边角或走廊局部放大空间设置候诊区，无须设置专用的候诊区
应急处置室 ※ （主要指告别室）	一方面，供医护人员对突发急病的入住老人进行抢救和应急处置，并等待救护车到来；另一方面，也可用于去世老年人的遗体暂存及家属告别。宜设置在养老设施建筑的地下层，与老年人的主要活动空间区分开来。临近医疗电梯、急救出入口和急救车辆停靠场地，以便缩短急救流线，方便中转运输
医疗废物存放点 ※	供医护人员集中收集和暂存养老设施产生的医疗废物，以等待医疗废物集中处置单位定期回收。医疗废物存放点应远离主要的居住和活动空间，并与生活垃圾存放点分开
健康信息管理室	供医护人员记录、存放和查阅老年人的健康档案。设计时可与诊室或评估室结合设置，也可独立设置
安宁疗护（临终关怀）室/区	用于对临终老人进行缓和治疗，通常出现在提供安宁疗护（临终关怀）服务的养老设施当中。宜与普通的照料单元和老人居室分开进行设置

注：1. 上表中的功能空间/用房名称参考了《医疗机构基本标准》和《医疗机构内通用医疗服务场所的命名》。
　　2. 上表中仅包含养老设施设立的医疗机构当中常见的医疗功能用房（空间），不包含其他医疗功能用房（空间）和辅助用房（空间）。

诊室的设计要点

▶ 诊室的主要功能和配置要求

养老设施中的诊室（图2.2.9）通常是供医生为老年人提供初步检查、诊断和开具病历药方等医疗服务的空间。《老年人照料设施建筑设计标准》中提及的"医务室"概念就与"诊室"较为接近。在部分养老设施当中，由于空间、人员有限，且医护人员办公室在面积和配置方面又与诊室较为类似，所以两者往往利用的是同一空间。

不同于医院门诊部"老人找医生"的诊疗服务模式，养老设施中的诊疗服务更多以"医生找老人"的定期巡诊模式展开，因此设施内专门设置的诊室数量不宜过多，1~2间即可满足使用需求（图2.2.10）。为满足开展基本医疗服务与救治的需求，每间诊室的面积不宜小于10m²[①]。

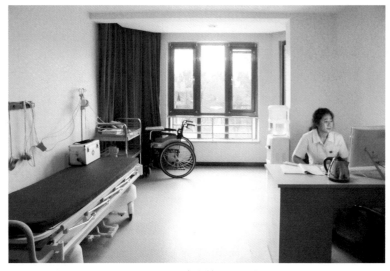

图2.2.9　诊室的空间示例

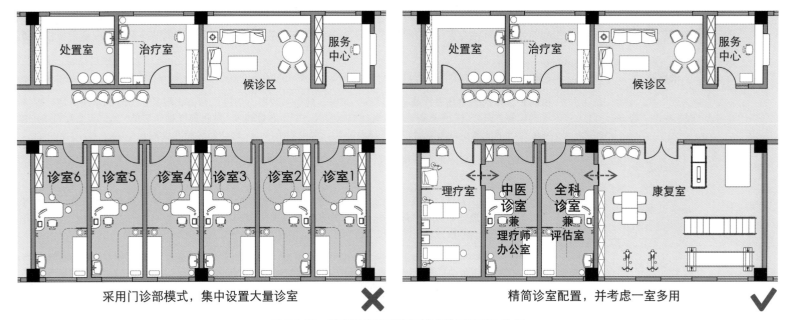

采用门诊部模式，集中设置大量诊室 ✗　　　精简诊室配置，并考虑一室多用 ✓

图2.2.10　养老设施诊室配置模式的正误对比分析

[①]《老年人照料设施建筑设计标准》JGJ 450—2018规定："医务室面积不应小于10m²。"

▶ 诊室的常见设计问题分析

调研发现，在养老设施的诊室设计当中，在家具设备选型和布置方面，常常容易出现如图 2.2.11~图 2.2.13 所示的一些典型问题，设计时应注意。

图 2.2.11 水池周边未采取防水防污措施，容易污染周边的墙面和地面

图 2.2.12 诊桌桌面空间较小，操作空间不足；桌角妨碍医生接近患者；患者座位较为笨重且不可旋转，不方便进行诊查操作

图 2.2.13 患者座位背光，不便于医生进行观察诊断；且患者面朝门口，易分散注意力，影响与医生的交流

▶ 诊室的平面布置示例分析

设置水池并采取防水防污措施

水池是诊室内必须设置的手卫生设施，宜设置在医生工作区的内侧角部，避免医患共用造成交叉感染，影响室内其他家居设备的布置。水池周边的墙面和地面应采取防水防污措施（如铺贴瓷砖），以防洗手时污水外溅，污染墙面和地面。

选用适当的家具形式

诊桌、诊椅等诊疗家具应选择适宜的形式。其中，诊桌宜采用桌面更大的T形或L形桌，以便能够更好地满足医生操作电脑、打印单据、书写病历、查看影像等方面的需求；诊椅宜采用可转动、无扶手、无靠背或低靠背的形式，便于医生对老年人的身体进行全方位的检查。

合理划分医生和患者的活动区域

诊室空间应按照医生和患者的使用行为合理划分功能区域，以避免洁污不分、流线交叉。图2.2.14中，靠近诊室入口的区域为诊查区，是患者的主要活动区域，用于跟医生沟通交流并接受诊查；远离诊室入口的区域为工作区，是医生的主要活动空间，用于开展患者诊查、日常办公和手部清洁等工作。

设置老年人物品的放置空间

就诊过程当中，老年人有临时放置包、外套等随身物品的需求，因此在诊室内宜设置挂衣钩、置物台或筐等设施。

预留助行器械的回转和停放空间

部分失能老人有乘坐轮椅或使用助行器前来就诊的需求，因此诊室当中应留有足够的空间，供助行器械回转和停放。

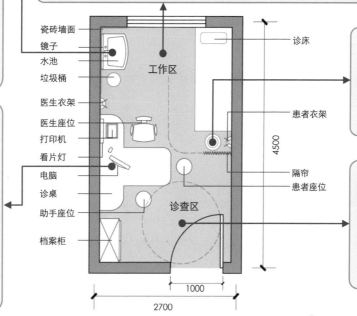
图 2.2.14 诊室的平面布置要点

存药和分药空间的设计要点

▶ 存药和分药空间的主要功能和配置要求

养老设施入住老人大多患有多种慢性疾病,需要长期服用药物。为保证老年人按医嘱服药,避免漏服、错服,养老设施大多都会面向入住老人提供用药管理服务,由护士定期收集老年人的日常用药,登记用法用量,按时分药送药,并监督老年人服药。

入住老人用药量较大,分药工作较为繁杂,且事关用药安全,不容出现差错,因此为存药和分药提供专门的空间和设施是非常必要的(图2.2.15)。

存药和分药空间的设置形式与养老设施的药品管理方式密切相关,根据实践经验和实例调研,可将其归纳为以下三种类型:① 集中设置的摆药室;② 结合照料单元分散设置的摆药室;③ 与治疗室、医护人员办公室等结合设置的存药和分药空间。

图2.2.16所示平面是养老设施配套社区卫生服务站内集中设置的摆药室,用于存放所有入住老人的日常用药。摆药室和药房为相邻设置的独立空间,一方面能够实现集中管理,节约人力;另一方面也能有效避免入住老人和外来患者的用药发生混淆,出现差错。

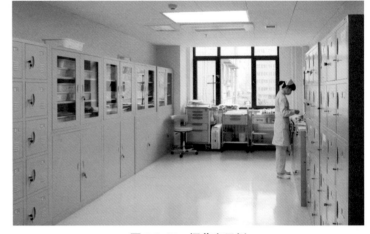

图2.2.15 摆药室示例

图2.2.17所示平面是分散设置在养老设施照料单元内,与治疗室结合设置的摆药空间,用于存放本楼层入住老人的日常用药。该空间与护理站、管理室等临近设置,方便护理人员进行管理。与集中设置的摆药室相比,这种分散设置的摆药空间与老人居室距离更近,有助于护士就近完成分药和送药的操作。

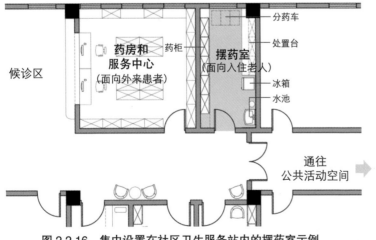

图2.2.16 集中设置在社区卫生服务站内的摆药室示例

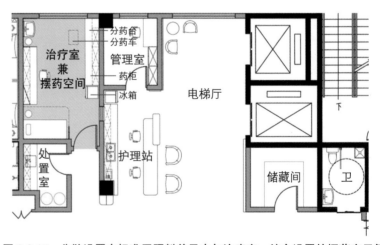

图2.2.17 分散设置在标准层照料单元内与治疗室,结合设置的摆药室示例

▶ 存药和分药空间的细节设计要点

设置充足的药柜

养老设施入住老人人数较多，用药量较大，摆药室应提供足够空间设置药柜，以满足老年人药品的存放需求。对于老年病和慢性病，我国医疗机构可一次性为患者开具半个月的药量[1]，根据实践经验，药柜投影面积可按照1m²/100 床（通高抽屉药柜）或2.5m²/100 床（吊柜）进行计算。

设置操作台面

满足护士分药、记录等的操作空间需求。

设置记录板

用于记录老年人用药方面的特殊情况和注意事项，以便相关员工引起注意。

设置分药车的停放空间

分药车是护士用于配药、送药和分药的重要工具，在摆药室的设计当中应注意留出它的停放空间，门净宽应满足分药车的通行需求。

设置冰箱

满足部分药品（如中药汤剂、活菌类药品等）的冷藏保存需求。

设置水池

供负责分药工作的护士清洁手部，清洗、消毒药杯等分药工具。

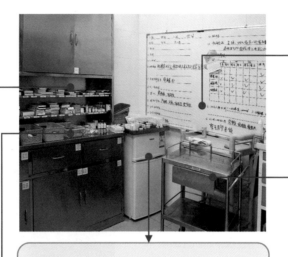

图 2.2.18 存药和分药空间的细节设计要点分析

TIPS：药柜的设计建议

调研发现，目前养老设施当中常用的药柜形式大致可划分为三类，即中药抽屉柜、医用处置台和医用工作台加吊柜。这三种柜体的形式、储藏量和优缺点比较如表 2.2.3 所示，设计时可综合考虑养老设施的药品管理方式以及分药室的具体空间条件，选择适宜的药柜形式进行摆药室的布置。

三种药柜形式比较　　表 2.2.3

类型	中药抽屉柜	医用工作台	医用处置台
形象外观			
储藏量	★★★★★	★★★	★★★★
优势	储藏效率高，宜储存个人药品	设有台面，方便分药操作	设有台面，方便分药操作
不足	没有操作台面，需要另行设置	药品储藏量较低，需另设储物箱存放个人药品	因连体形式通常较为笨重，存放个人药品的空间仍不足

1 中华人民共和国卫生部令第 53 号《处方管理办法》。

观察室的设计要点

▶ 观察室的主要功能和配置要求

养老设施当中的观察室是对有留观需求的老年人进行医学观察和诊疗的空间，主要有以下三个方面的用途：① 对接受注射、透析等治疗的老年人进行治疗期间和治疗后的医学观察，以保证治疗的安全性；② 当入住老人出现身体状况不稳定、需要观察甚至抢救时，用作观察和救治场所；③ 当有老年人罹患传染病时，用作隔离观察室，对患者进行隔离观察和治疗。

虽然在相关标准当中，并未明确要求养老设施设置观察室，但根据实践经验，设置观察室是十分必要的（图 2.2.19）。

观察室应与治疗室临近设置，以方便护士巡视和提供服务。有条件时，还建议将观察室与独立对外出入口临近设置，从而为隔离观察和抢救送医创造条件。

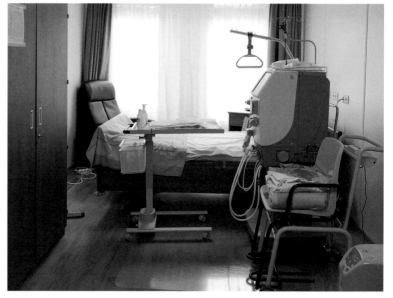

图 2.2.19 观察室的空间示例

▶ 观察室的平面布置要点

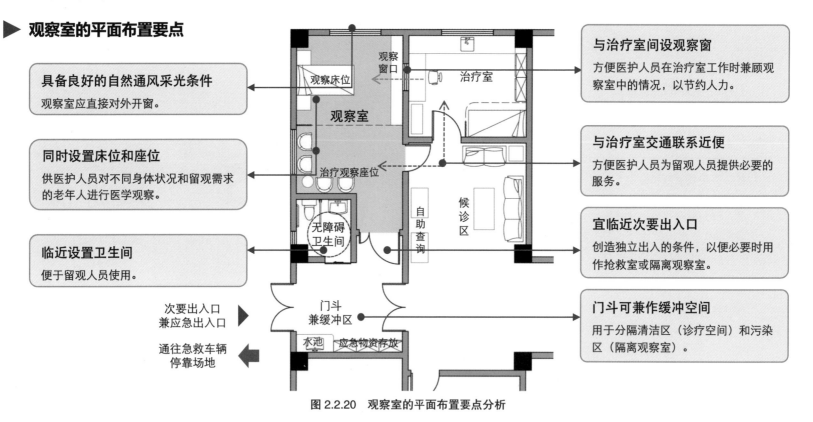

具备良好的自然通风采光条件
观察室应直接对外开窗。

同时设置床位和座位
供医护人员对不同身体状况和留观需求的老年人进行医学观察。

临近设置卫生间
便于留观人员使用。

与治疗室间设观察窗
方便医护人员在治疗室工作时兼顾观察室中的情况，以节约人力。

与治疗室交通联系近便
方便医护人员为留观人员提供必要的服务。

宜临近次要出入口
创造独立出入的条件，以便必要时用作抢救室或隔离观察室。

门斗可兼作缓冲空间
用于分隔清洁区（诊疗空间）和污染区（隔离观察室）。

图 2.2.20 观察室的平面布置要点分析

▶ 隔离观察室的平面布置要求及示例分析

隔离观察室是养老设施用于隔离疑似或患有传染病的入住老人的功能空间，可兼作抢救室、临终关怀室、实训教室等。

在位置上，隔离观察室宜设置在养老设施建筑首层相对独立的分区当中，避免与入住老人的生活动线发生交叉，并尽可能临近后勤电梯和次要出入口，以方便患病老年人的转运。同时，有条件时，隔离观察室还应尽可能临近集中医疗康复空间，以方便医护人员随时提供医疗护理服务（图 2.2.21）。

在形式上，建议隔离观察室的使用面积不宜小于 14m²，空间形式尽可能方正，以满足抢救要求[1]。对于规模较大的养老设施，除设置隔离观察室外，还建议通过潜伏设计的手法预留隔离观察区，以满足特殊情况下更多老年人患者的隔离观察需求。

在配置上，隔离观察室应配备必要的生活和护理服务条件，尽量使用独立空调，单独处理生活垃圾。

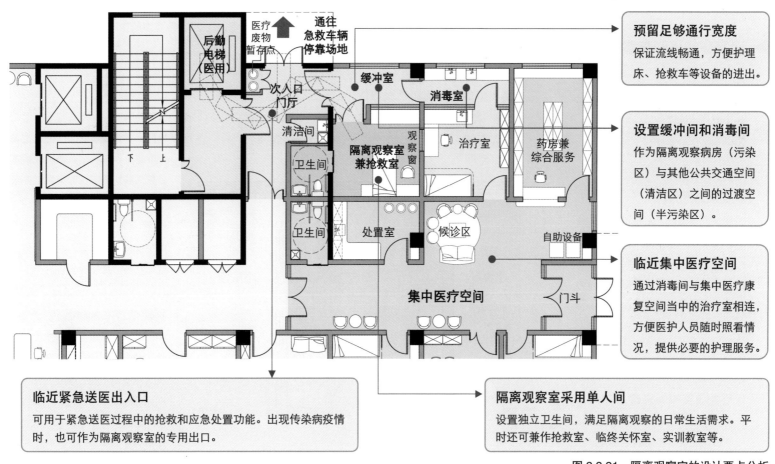

预留足够通行宽度
保证流线畅通，方便护理床、抢救车等设备的进出。

设置缓冲间和消毒间
作为隔离观察病房（污染区）与其他公共交通空间（清洁区）之间的过渡空间（半污染区）。

临近集中医疗空间
通过消毒间与集中医疗康复空间当中的治疗室相连，方便医护人员随时照看情况，提供必要的护理服务。

临近紧急送医出入口
可用于紧急送医过程中的抢救和应急处置功能。出现传染病疫情时，也可作为隔离观察室的专用出口。

隔离观察室采用单人间
设置独立卫生间，满足隔离观察的日常生活需求。平时还可兼作抢救室、临终关怀室、实训教室等。

图 2.2.21 隔离观察室的设计要点分析

---

1 《社区卫生服务中心、站建设标准》要求："抢救室的使用面积不宜低于 14m²。"

治疗室的设计要点

▶ 治疗室的主要功能和配置要求

养老设施当中的治疗室是护士为老年人进行治疗准备和实施治疗的空间（图 2.2.22），具体功能包括存放无菌物品、清洁物品和药品，配置药液、准备治疗器械，为老年人实施注射、换药等治疗操作。根据我国医疗机构基本标准的相关要求，各级医疗机构均需配置治疗室，并且面积不宜小于 10m²[①]。

在位置选择上，治疗室应临近观察室、处置室等用房，以便护士在开展治疗操作的时候能够观察到老年人的情况，并在治疗完成后就近进行处置操作，达到节约人力、提高效率的目的。

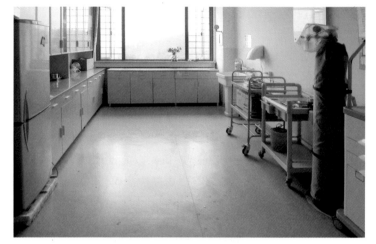

图 2.2.22　治疗室的空间示例

▶ 治疗室的平面布置示例分析

设置处置台和柜体
主要用于存放备品、配置药液、准备治疗器械等。

注意洁污分区
根据使用功能，治疗室的内部空间可划分为准备区（清洁区）和治疗区（污染区）。设计时应注意将处置台、护士工位等设施布置在准备区，将水池、诊疗床等设施布置在治疗区，以实现洁污分区，避免流线交叉造成污染。

与处置室相邻设置
治疗室应与处置室相邻设置，以便就近开展治疗后的处置工作。

具备良好的自然通风采光条件
治疗室应具有良好的通风采光条件，尽可能直接对外开窗。不具备自然通风条件时，应配置紫外线灯，满足消毒杀菌需求。

设置观察窗
有条件时，治疗室宜与观察室相邻设置，并设观察窗，以便护士在治疗准备工作过程中，兼顾观察室中老年人的状况，及时提供必要帮助。

设置冰箱
用于保存一些需要冷藏的治疗用品（如药品、冰袋等）。

预留治疗车的停放位置
护士在治疗室以外的空间（如观察室、公共起居厅、老人居室等）开展治疗或抢救时，通常会使用治疗车存放和运送治疗用品。因此，在治疗室的设计当中，应注意留出治疗车的停放、回转空间。

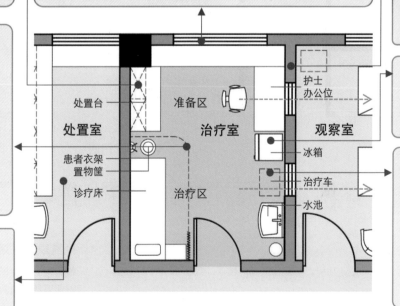

图 2.2.23　治疗室的平面布置示例分析

---

① 《养老机构医务室基本标准（试行）》要求："治疗室使用面积不少于 10m²。"

处置室的设计要点

▶ 处置室的主要功能和配置要求

养老设施中处置室（图2.2.24）主要用于分类、处置和暂存医疗服务过程当中产生的污染物和废弃物。与大型医疗机构中的处置室不同，养老设施当中的处置室通常不用于开展污染性治疗，因此不必配置诊疗床。

根据我国医疗机构基本标准的相关要求，各级医疗机构均需配置处置室，并且面积不宜小于10m²[①]。

处置室具有一定的"污染性"，因此需要设置为独立的空间，不得与治疗室、诊室等其他医疗用房穿套设置，采用防污的墙地面材料，配备必要的清洁消毒设施（图2.2.25）。

图2.2.24 处置室的空间示例

▶ 处置室的平面布置示例分析

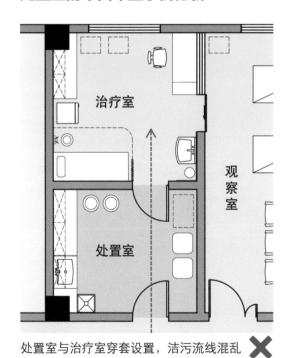

治疗室

观察室

处置室

处置室与治疗室穿套设置，洁污流线混乱 ✖

设置消毒桶

服药盒、服药盘等分药工具以及螺纹管、湿化瓶、水封瓶等吸氧吸痰用具需定期进行清洁处理。因此，处置室内应至少配置两个消毒桶，分别用于消毒和清洗。

实现干湿分区

将水池、洗涤池和消毒桶等用水设施布置在临近外窗、通风良好的湿区，将处置台、垃圾桶等设置在临近走廊的干区。

临近治疗室

处置室与治疗室应临近设置，以便就近处理治疗过程中产生的废弃物。

图2.2.25 处置室的平面布置示例分析

设置不同类型的垃圾桶

处置室需设置多个垃圾桶，分类收集各类废弃物，主要包括医疗废物（以感染性废物、损伤性废物和药物性废物为主）和其他废物。

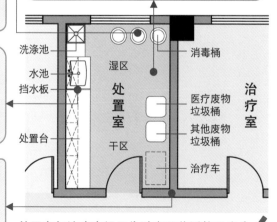

洗涤池
水池
挡水板
处置台

湿区
处置室
干区

消毒桶

治疗室

医疗废物垃圾桶
其他废物垃圾桶
治疗车

处置室与治疗室设置为独立且临近的用房 ✔

① 《养老机构医务室基本标准（试行）》要求："处置室使用面积不少于10m²。"

服务中心（台）的设计要点

▶ 服务中心（台）的主要功能和配置要求

养老设施医疗空间当中的服务中心（台）是医护人员为前来就诊的老年人提供接待、咨询、挂号、收费、取药等一系列综合服务的功能空间（图2.2.26）。

由于养老设施设立的医疗机构人员配置较为有限，医护人员往往身兼数职，通常情况下只有一名员工为就诊老人提供各项综合服务。因此，与综合医院中设置多个分工明确的服务窗口不同，养老设施医疗空间当中的服务中心（台）更注重小空间的灵活复用，以方便员工就近、高效地开展各项服务工作。对于养老设施设立社区卫生服务站的情况，可配置小型的服务台或服务窗口；而对于医务室、护理站等养老设施内设医疗机构，则无须专门配置服务台。

图2.2.26　服务中心（台）的空间示例

▶ 服务中心（台）的平面布置示例分析

图2.2.27展示的是养老设施设立社区卫生服务站时，服务中心（台）的平面布置情况。

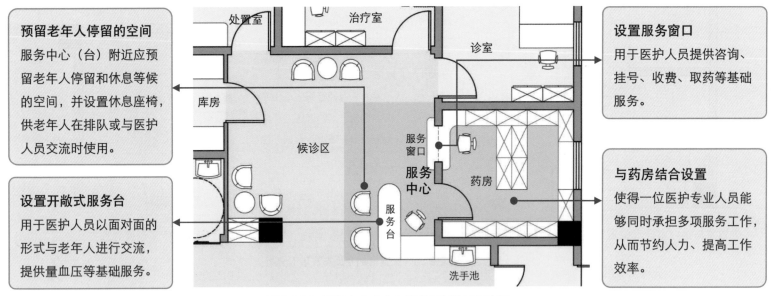

预留老年人停留的空间
服务中心（台）附近应预留老年人停留和休息等候的空间，并设置休息座椅，供老年人在排队或与医护人员交流时使用。

设置开敞式服务台
用于医护人员以面对面的形式与老年人进行交流，提供量血压等基础服务。

设置服务窗口
用于医护人员提供咨询、挂号、收费、取药等基础服务。

与药房结合设置
使得一位医护专业人员能够同时承担多项服务工作，从而节约人力、提高工作效率。

图2.2.27　服务中心（台）的平面布置示例分析

候诊区的设计要点

▶ 候诊区的主要功能和配置要求

养老设施当中的候诊区是老年人在就诊过程当中休息和等候的空间（图 2.2.28）。由于设施中医疗空间的规模通常不大，并且即便对外提供服务，门诊量也相对较小，加之入住老人大多采用预约就诊方式，所以医疗空间通常不会出现大量人群等候的现象，无须设置过大的候诊区，利用过厅和走廊的局部放大空间设置休息座椅即可满足基本使用需求。

▶ 候诊区的平面布置示例分析

相比于单纯的休息等候功能，养老设施当中的候诊区更具"社交"属性。在就诊过程中，老年人可通过与医护人员和其他"病友"的交流，释放压力，舒缓情绪，分享自己内心的想法，得到他人的理解和安慰。因此，在候诊区的设计当中，应通过家具的布置和氛围的营造鼓励老年人在这里发生有意义的交流（图 2.2.29）。

图 2.2.28　候诊区的空间示例

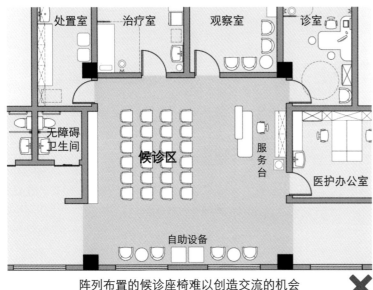

阵列布置的候诊座椅难以创造交流的机会

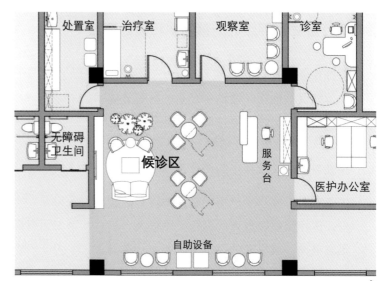

成组围合布置的候诊座椅有助于增进人际交流

图 2.2.29　候诊区设计的正误对比分析

其他医疗空间的设计要点

▶ **应急处置室的配置需求和设计要点**

养老设施当中容易出现紧急送医、老年人去世等突发情况，有条件时，应设置一间应急处置室，配置抢救、消毒和制冷等设施设备，用以对需要紧急送医的老年人进行初步处置，等待救援；或临时存放去世老年人的遗体，等待家属来处理后事（图 2.2.30）。

为了避免应急处置室与老年人主要活动空间发生交叉，建议将应急处置室设置在远离居住生活区域的地下空间，临近后勤电梯和地下车库，以便中转运输。

在地下空间出入口的分布上，应急处置出入口与访客停车出入口宜布置在两个不同的方向，以免造成流线和视线上的冲突。

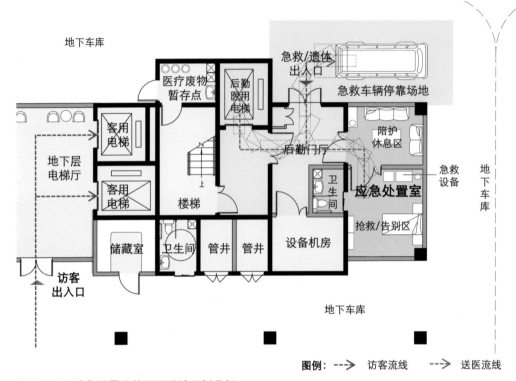

图 2.2.30 应急处置室的平面设计示例分析

▶ **医疗废物暂存点的配置需求和设计要点**

医疗废物指医疗卫生机构在医疗、预防、保健以及其他相关活动中产生的具有直接或者间接感染性、毒性以及其他危害性的废物 [1]。为满足医疗废物管理规定，养老设施当中应设置集中的医疗废物存放点。

由于养老设施当中产生的医疗垃圾数量较少，医疗废物存放点的面积无须很大，满足垃圾桶、垃圾车的存放需求即可。在设计方面需要关注的要点见右侧。

位置和选型要点	设施设备配置要点
• 宜设置独立空间或独立设于主体建筑之外；	• 宜具备自然通风条件，自然通风条件不佳时应设置机械排放设备；
• 宜设置在交通便利的首层或地库；	• 设置紫外线消毒灯；
• 不得设置为露天场所；	• 采取防渗漏、防鼠、防蚊蝇、防盗、防无关人员接触等安全措施；
• 应远离食品加工区、人员活动区和居住生活区；	• 设置明显的警示标志；
• 应与生活垃圾存放地分开设置。	• 按照医疗废物产生量设置医疗废物垃圾桶。

1 《医疗废物管理条例》。

医疗空间的设计实例分析

▶ 项目概况

该设施位于北京市海淀区一个老旧小区当中，原为社区配套用房，为满足小区老年人日益增长的养老需求，借助老旧小区改造的契机，改造成了社区养老服务设施（图2.2.31）。

设施总建筑面积1280m²，地上3层，地下1层，其中医疗空间采用了**配套社区卫生服务站**的配置模式。首层和地下层的主要空间为社区卫生服务站；二层和三层为照料单元（图2.2.32）。

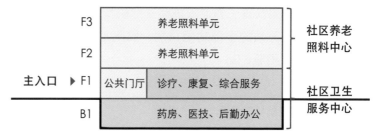

图 2.2.32 养老设施建筑功能分区示意图

图 2.2.31 养老设施建筑外观

▶ 首层医疗空间设计特色分析

建筑首层主要设置了养老设施和医疗机构的共用门厅，以及社区卫生服务中心的诊疗用房。由于首层面积较为有限，无法容纳社区卫生服务站的全部功能用房，因此重点布置了诊室、康复室等使用更为频繁，对自然通风采光条件要求更高的功能用房（图 2.2.33~图 2.2.35）。

社区卫生服务站与养老设施共用门厅，通过在门厅与候诊区之间的隔断门划分医疗机构与养老设施的空间和流线。在社区卫生服务站的非营业时段，隔断门关闭后，来访人员依然可以通过共用门厅乘坐电梯到达楼上的养老设施照料单元。

康复治疗区划分为运动康复大厅和理疗室两部分，面向设施入住老人和社区患者提供康复治疗服务。

综合服务窗口承担了挂号、收费、咨询、值班、办公等多种功能。

社区卫生服务站设有辅助出入口，用于辅助服务和应急处置。

候诊区尺度亲切宜人，营造生活化的就诊氛围。

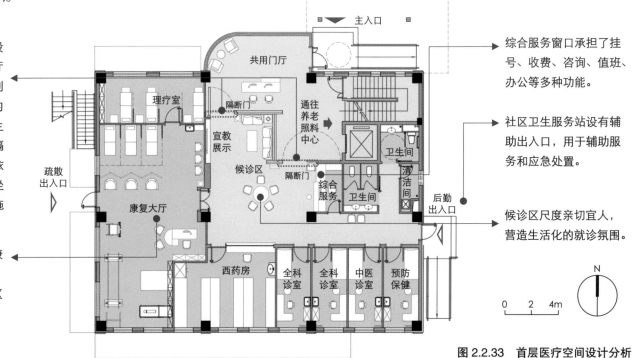

图 2.2.33 首层医疗空间设计分析

图 2.2.34 候诊区尺度亲切近人，易于社交行为的发生

图 2.2.35 综合服务台设置高低台面，且临近休息等候区

▶ 地下层医疗空间设计特色分析

建筑地下层主要布置了药房、治疗室、检验科等使用频率相对较低，对自然通风采光条件要求不那么苛刻的医疗用房，以尽可能减少患者就医过程中往返于首层与地下层之间的频率。此外，地下层远离主要楼电梯的一侧还设有办公室、会议区、更衣室等辅助服务空间，供社区卫生服务站和养老照料中心的员工使用（图2.2.36~图2.2.38）。

设置煎药室，满足入住老人和社区患者的中药煎药需求。

通过推拉门划分员工后勤区域与患者诊疗区域。

临时会议区兼多功能室采用半开敞形式，能够灵活满足开会、员工用餐、临时办公、健康教育等活动的使用需求。

通过设置窗井满足地下主要功能空间的通风采光和排风散热需求。

检验科、观察室与公共卫生间临近设置，方便患者使用。

治疗室与观察室相邻设置，并设有观察窗，方便护士随时观察患者的情况，及时提供必要的帮助。

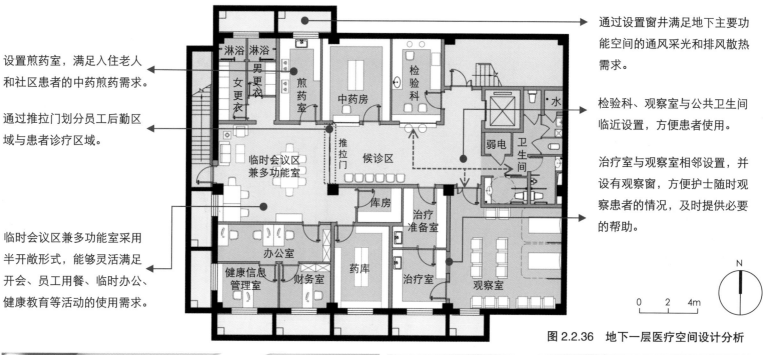

图2.2.36 地下一层医疗空间设计分析

图2.2.37 中药房与检验科设置服务窗口

图2.2.38 临时会议区兼多功能室

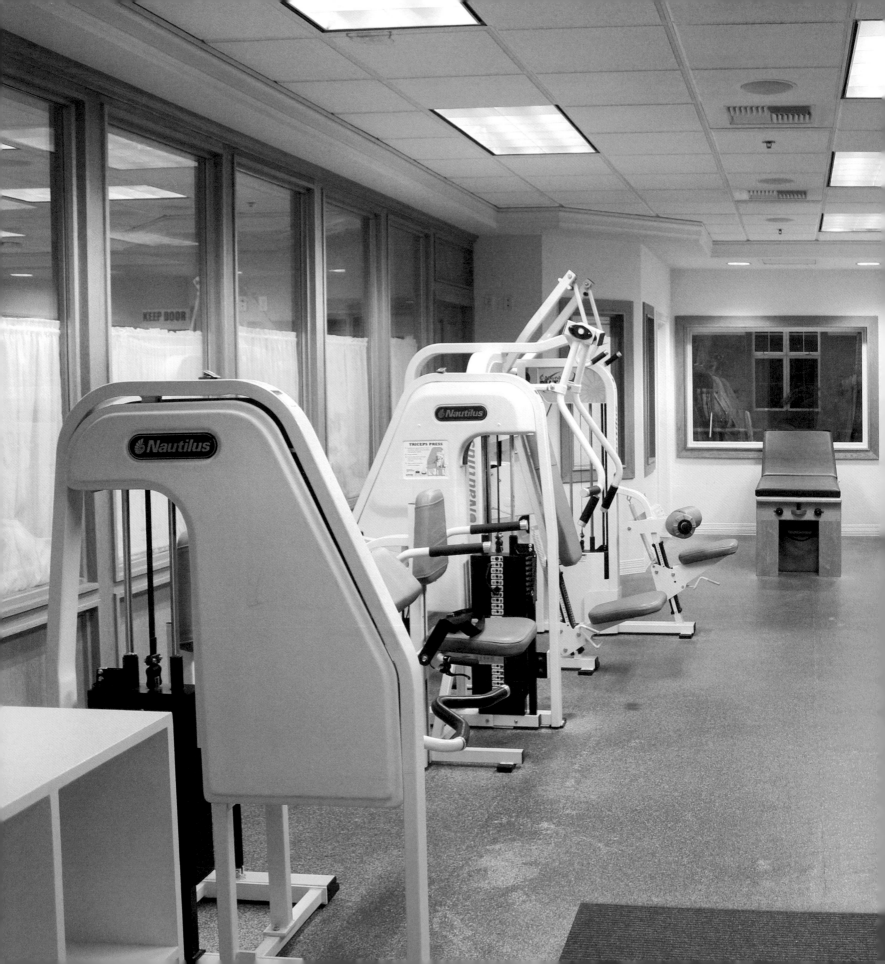

第 3 节

康复空间

养老设施康复空间的配置模式

▶ 康复空间的两种配置模式

与医疗空间不同，现行规范标准当中并没有对养老设施的康复空间配置做出明确规定。通过对国内外养老设施的调研考察可以发现，养老设施当中的康复空间类型是较为多样的，根据康复形式，及其对人员、空间和设备需求的不同，可大致将养老设施中康复空间的配置模式总结为两大类，即专业康复治疗空间和日常康复活动空间，它们的基本特征和差异如表 2.3.1 所示。

▷ 模式① 专业康复治疗空间

养老设施当中的专业康复治疗空间包括我们常说的康复室、理疗室等空间，主要供老年人在专业康复治疗师的指导下进行专业的康复治疗，具体包括运动治疗、作业治疗、物理治疗、传统康复治疗、言语治疗和心理治疗等多种类型。专业康复治疗大多依赖于专业的器械设备，因此往往需要在集中布置的专用空间当中展开。

▷ 模式② 日常康复活动空间

相比专业康复治疗，日常康复活动更为轻松，也更容易开展。大多数情况下，老年人可自主或在护理人员的协助下开展日常康复活动，不需要完全依赖于康复专业人员。日常康复活动的空间要求也较为灵活，可以在养老设施建筑的各类公共活动空间当中进行。大多数日常康复活动可利用轻便的、游戏类的道具来实现，无须借助专业的器械设备。

以上两种配置模式互不冲突，设计时可综合养老设施的运营理念、人员配置和空间条件，配置其中一种，或两种都配置。图 2.3.1 通过一个具体示例，展示了同时采用两种康复空间配置模式时，养老设施康复空间的分布状况。

养老设施康复空间两种配置模式的差异比较　　表 2.3.1

配置模式 比较维度	专业康复治疗空间	日常康复活动空间
是否需要专业人员值守	需要	不需要
是否需要专用空间	通常需要	通常不需要
是否需要集中布置	宜集中布置	可分散布置
是否需要专业器械设备	需要	不需要

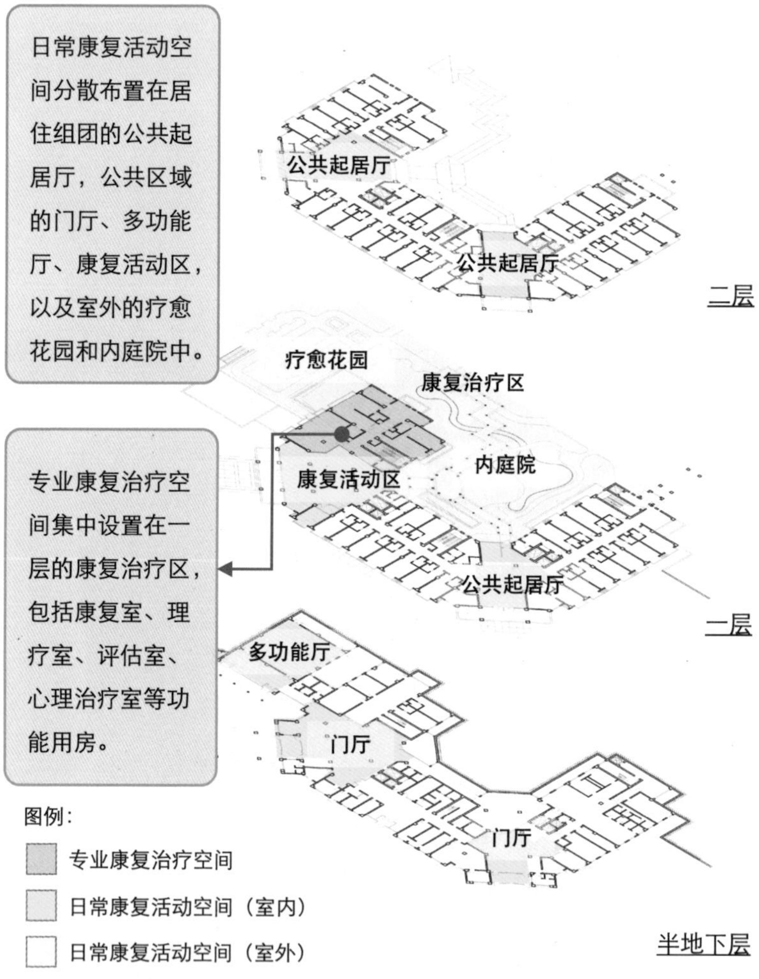

日常康复活动空间分散布置在居住组团的公共起居厅，公共区域的门厅、多功能厅、康复活动区，以及室外的疗愈花园和内庭院中。

专业康复治疗空间集中设置在一层的康复治疗区，包括康复室、理疗室、评估室、心理治疗室等功能用房。

图例：
- ▨ 专业康复治疗空间
- ▦ 日常康复活动空间（室内）
- □ 日常康复活动空间（室外）

图 2.3.1　养老设施康复空间分布示例分析

养老设施康复空间的配置示例

① 专业康复治疗空间

▶ 专业康复治疗空间的设计要求

专业康复治疗需要在康复治疗师的指导下，利用专用空间和专业设备展开。养老设施可以通过与医疗康复机构建立合作关系，由其定期派遣康复专业人员到设施提供服务；也可以聘请专门的康复治疗师，负责老年人的康复治疗工作。养老设施当中常见的专业康复治疗空间（用房）包括康复室、评估室、理疗室、心理咨询室、多感官室、认知康复室等，有条件时还会设置康复治疗师的办公区（室）。专业康复治疗空间通常集中布置，在设计上应考虑以下要点：

- 专业康复治疗空间宜设置在老年人易于到达的位置，有条件时宜与医疗空间临近设置；

- 专业康复治疗空间的使用面积不宜小于 40m²[①]；

- 可根据设施整体规模考虑专业康复治疗空间的功能配置，评估室、康复师办公室等空间可合用，图 2.3.2 给出了不同规模用房条件下的专业康复治疗空间配置示例，供参考。

▶ 专业康复治疗空间的设计示例

50m²左右的专业康复治疗空间建议采用更具灵活性的大空间形式，不建议对用房进一步细分。

70m²左右的专业康复治疗空间可划分成一大一小两个空间，分别用作康复室和评估室，其中评估室可兼作康复治疗师办公室。

90m²左右的专业康复治疗空间可划分成一大两小三个空间，中间的小空间可设为评估室兼康复师办公室，兼顾管理两侧的理疗室和康复室。

当养老设施的专业康复治疗需求较大，且有条件设置较大规模的专业康复治疗空间时，可考虑将对不同类型的专业康复治疗空间进行进一步细分，布置康复室、理疗室、心理治疗室、传统康复治疗室等用房，并考虑设置VIP康复室、谈心室等更为高级、私密的康复空间，同时预留专门的康复治疗师办公室、卫生间等辅助空间。

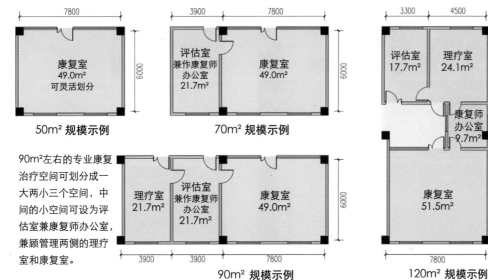

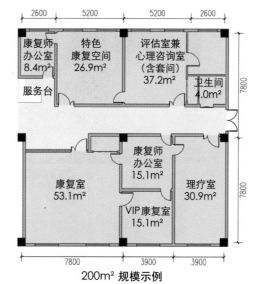

图 2.3.2　不同规模专业康复治疗空间的组合设计示例

---

① 《社区卫生服务中心、站建设标准》规定："康复治疗室的每间使用面积不宜低于 40m²。"

养老设施康复空间的配置示例
② 日常康复活动空间

▶ **日常康复活动空间的设计要求**

与专业康复治疗空间不同，日常康复活动空间主要供老年人自主开展，或在非康复专业人员辅助下开展具有康复疗愈作用的日常活动。这类空间可以分布在养老设施建筑室内外的各个位置，形式较为丰富多样。本节重点讨论位于室内的日常康复活动空间，具有康复疗愈功能的室外环境详见本书第三章的相关内容。

▶ **日常康复活动空间的常见设置方式**

利用交通空间融入运动锻炼功能	在公共空间设置适老健身设施	专门打造特色康复空间
一些设施将建筑当中的走廊、楼梯、坡道等交通空间用作老年人的日常康复活动空间，鼓励并协助老年人开展步行、上下楼梯等运动（图2.3.3）。	部分设施在公共起居厅、活动室等公共活动空间内设有适合老年人使用的健身设施，平时可供老年人自主开展简单的运动健身活动（图2.3.4）。	还有一些设施结合"康复融入生活"的设计理念，在设施当中专门打造了一些别具特色的康复活动空间，如足浴室、康复游戏空间，等等（图2.3.5）。

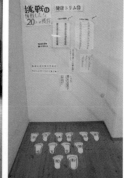

图2.3.3　利用走廊、楼梯等空间开展运动康复训练的实例

图2.3.4　结合公共活动空间设置适老健身设施的实例

图2.3.5　专门设置的特色康复游戏空间实例

康复空间的功能构成

▶ 构成康复空间的功能用房（空间）及其配置建议

根据国内外养老设施的调研经验，可将养老设施当中的康复功能用房（空间）总结如表 2.3.2 所示。其中名称后带有 ※ 的功能用房（空间）在养老设施当中的配置频率较高，将在本节具体讲解。

康复空间的功能构成和配置建议 表 2.3.2

功能用房（空间）名称		主要功能及配置建议
专业康复治疗空间	康复室 ※	供老年人在康复治疗师的指导下，使用专业康复治疗器械，进行运动治疗、作业治疗、理疗等康复治疗活动。规模较大时，可进一步划分成为多个功能分区或用房，分别用于开展不同类型的康复治疗。康复空间面积较为有限时，康复室还将承担老年人能力评估和康复治疗师办公休息的功能
	理疗室 ※	供老年人接受电疗、热疗等物理治疗以及针灸、按摩等传统康复治疗。为保证私密性，理疗室应尽量独立设置，并且单个房间的面积不宜过大。此外，理疗室还应设置在自然通风条件良好的位置，以保证空气质量和热舒适性。附设必要的准备空间，满足理疗用品的储藏、准备、加热和清洗需求
	评估室 ※	供康复专业人员在老年人入院时、入住期间和康复治疗各阶段对其身体状况和能力水平进行评估，从而制定匹配的照护方案和康复计划。有条件时可独立设置，并临近康复室、理疗室等康复治疗用房；空间有限时也可与诊室、医护人员办公室、健康档案管理室或康复室结合设置
	心理咨询室 ※	供心理咨询师、社工、护理员等员工通过陪同聊天、情绪安抚、心理治疗等形式，为老年人提供心理慰藉服务。心理咨询室应配置在设施中相对安静、私密的区域，创造轻松舒适的环境氛围。有条件时，可配置独立的功能空间；面积有限时也可与诊室、医护人员办公室、社工室等功能空间结合设置
	认知康复室 ※	供康复专业人员组织认知症老年人开展各种形式的认知康复活动，宜设计成大小适宜、布置灵活的用房或分区形式，以适应多样化活动的使用需求
	康复治疗师办公室（区）	供康复治疗师办公和休息。有条件时，可设置专门的功能用房，或与评估室、诊室或医护人员办公室结合设置；面积较为有限时，也可在康复室内设置开敞式的康复治疗师办公区
日常康复活动空间 ※		供老年人自主或在护理人员的协助下开展具有康复疗愈作用的活动。常借助养老设施建筑当中的公共活动空间和交通空间进行设置，有条件时也可设置足浴室、游戏区等专门的活动空间

注：上表中仅包含养老设施当中常见的康复功能用房（空间），不包含室外场地和相关辅助用房（空间）。

康复室的设计要点

▶ 康复室的基本功能和空间配置

康复室是康复专业人员指导老年人利用器械进行康复训练的空间。在养老设施面积较为有限的情况下，配置一处如图 2.3.6 所示的康复室，就能基本满足老年人的使用需求。除康复治疗所需空间外，一些康复室内部还会设有康复治疗师办公的空间。

▶ 常见康复器械的基本尺寸和空间需求

调研发现，养老设施当中配置的康复治疗器械主要用于满足老年人在力量、耐力、灵活性和平衡性等方面的治疗需求，常见类型包括 PT 训练床、站立床、训练阶梯、平行杠、踏车和 OT 训练桌等。康复室应满足常用康复器械的放置需求，并考虑老年人接近使用器械，以及康复专业人员操作和指导的空间需求。常见康复器械的形状、尺寸及使用空间需求如图 2.3.7 所示。

图 2.3.6　康复室的空间示例

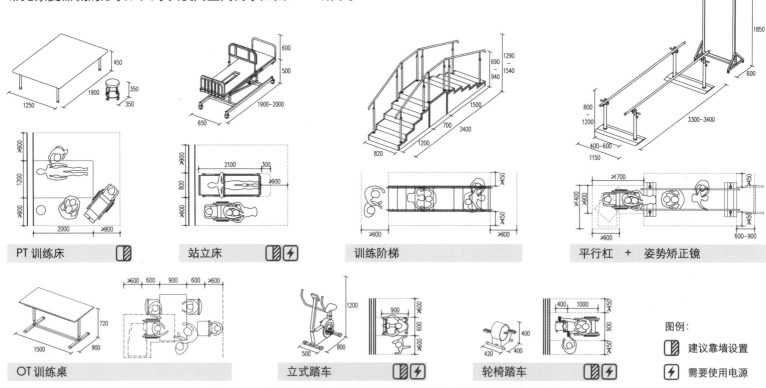

图 2.3.7　养老设施康复室常用康复器械的类型、基本尺寸和空间需求

▶ 康复室的面积建议

通常情况下，单间康复室的面积不宜小于 40m²，否则不利于康复器械的摆放和使用（图 2.3.8a）；同时，因为老年人在康复训练时需要使用空调保持适宜的室内温度，康复室面积也不宜过大，以免浪费空间和能源（图 2.3.8b）。对于设有专职康复人员的养老设施而言，单个康复室面积建议不要超过 200m²，而对于没有配备或仅配备兼职康复治疗师的养老设施，则建议将康复室与其他公共活动空间结合设置，以提高空间利用效率。

(a) 康复室面积过小，空间拥挤，不便使用　(b) 康复室面积过大，浪费空间和能源

图 2.3.8　空间面积不当的康复室实例

▶ 康复室的灵活性设计

养老设施当中的康复室可考虑分时、多用途使用，通过设置可变空间隔断或其他设计方法，实现空间布局的灵活转换，满足不同情况下的使用需求。

图 2.3.9 和图 2.3.10 分别展示的是西班牙某养老设施的康复室及周边空间的平面图和照片。其中，运动治疗室、作业治疗室和日间照料中心活动室之间通过大扇的推拉门相连接，实现了空间的可分可合，在运营当中能够根据实际使用需求实现功能空间的相互借用，提高空间利用效率和灵活性。

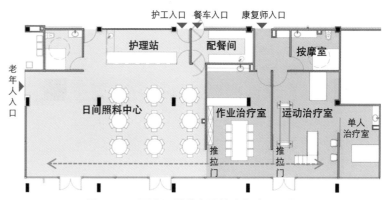

图 2.3.9　西班牙某养老设施康复室平面图

(a) 日间照料中心　　　　　　(b) 作业治疗室　　　　　　(c) 运动治疗室

图 2.3.10　通过大扇推拉门相互连接的日间照料中心、作业治疗室和运动治疗室，空间灵活，利用率高

▶ 康复室的平面布置示例分析

此处以使用面积 100m²，配置基础运动治疗设备和作业治疗设备的康复室为例，分析其中的平面布置注意事项（图 2.3.11）。

该康复室采用方正的空间形式，以满足不同类型和尺寸康复器械的灵活多样布置需求。设计师根据康复训练目的的不同，将康复室划分为基本综合训练区、肌力耐力训练区、关节活动度训练区、作业训练区和平衡、站立、移动训练区，康复器械沿墙、沿边布置，一方面便于器械连接墙面上的插座，避免地插绊脚，另一方面也利于在中间留出通行和回转的空间。

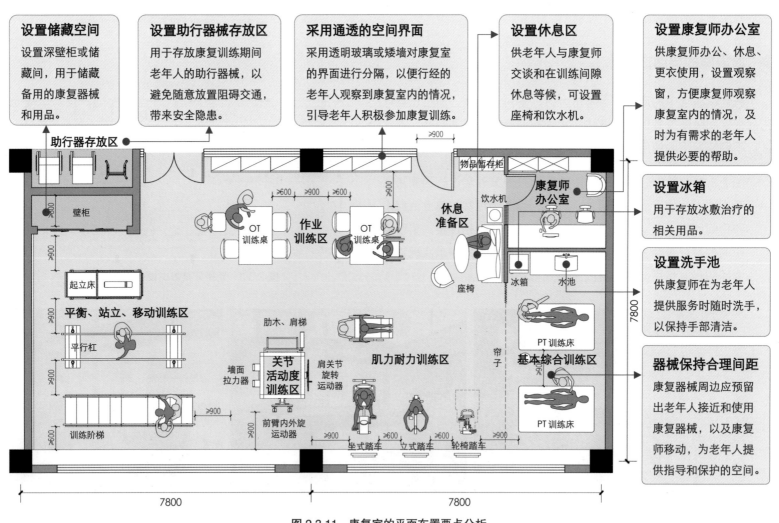

设置储藏空间
设置深壁柜或储藏间，用于储藏备用的康复器械和用品。

设置助行器械存放区
用于存放康复训练期间老年人的助行器械，以避免随意放置阻碍交通，带来安全隐患。

采用通透的空间界面
采用透明玻璃或矮墙对康复室的界面进行分隔，以便行经的老年人观察到康复室内的情况，引导老年人积极参加康复训练。

设置休息区
供老年人与康复师交谈和在训练间隙休息等候，可设置座椅和饮水机。

设置康复师办公室
供康复师办公、休息、更衣使用，设置观察窗，方便康复师观察康复室内的情况，及时为有需求的老年人提供必要的帮助。

设置冰箱
用于存放冰敷治疗的相关用品。

设置洗手池
供康复师在为老年人提供服务时随时洗手，以保持手部清洁。

器械保持合理间距
康复器械周边应预留出老年人接近和使用康复器械，以及康复师移动，为老年人提供指导和保护的空间。

图 2.3.11　康复室的平面布置要点分析

▶ 康复室的细节设计要点

预留充足的电源插座

康复室需预留充足的插座,以满足康复器械的用电需求。建议采用墙面或柱面插座的形式,尽可能避免采用容易造成微小高差、存在安全隐患的地面插座。空间面积较大时,可通过设置矮墙布置插座,并进行适度的空间分隔(图2.3.12)。

设置墙裙

康复室内需靠墙布置的器械较多,且老年人使用助行器械时易与墙面发生碰撞,因此建议康复室设置墙裙,以起到保护作用。

图2.3.12 康复室设置墙裙和插座的示例

设置洗手池

康复治疗师在辅助老年人进行康复训练时会与老年人的身体发生直接接触,因此在康复室内应设置水池,以便康复治疗师随时洗手,保持手卫生(图2.3.13)。

图2.3.13 康复室设置水池的空间示例

采用明亮柔和的采光照明方式

康复室应具备良好的自然采光和人工照明条件,以确保康复治疗期间,老年人能够看清周边的环境,康复治疗师能够清楚地观察到老年人的身体姿态和面部表情。部分康复训练项目需要老年人以仰卧的姿势进行,因此在灯具形式和自然采光方式的选择上应注意避免眩光,例如可采用光线均匀柔和的顶灯、灯带、发光顶棚,或带有遮阳措施的侧窗进行照明和采光(图2.3.14)。

图2.3.14 康复室明亮柔和的人工照明和自然采光方式示例

设置镜面

平行杠等步态训练器械需配置镜子,以方便老年人在训练过程中观察和矫正步行姿态。镜子的形式既可采用移动式的姿势矫正镜,也可利用墙体布置整面镜子(图2.3.15)。

图2.3.15 康复室中姿势矫正镜的设置形式

理疗室的设计要点

▶ 理疗室的基本功能和空间配置

根据老年人的身体状况，适合在养老设施当中开展的理疗项目主要包括热疗、电疗、针灸、按摩等。这些项目通常需要在专门的理疗室（图 2.3.16）中进行，以保证环境的私密性。

考虑到理疗床、沙发及其周边操作区域的空间需求，建议理疗室的人均使用面积不小于 6m²，并且同时容纳人数不宜过多。

此外，由于理疗需要由专门的人员操作实施，理疗室内应设有可供理疗师办公和进行治疗准备的空间。

理疗室和康复室宜临近设置，以便康复治疗师兼顾两个空间。

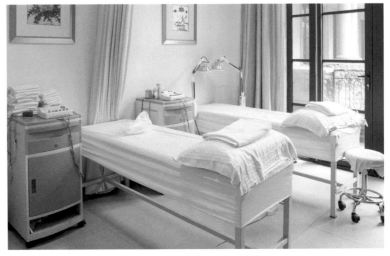

图 2.3.16　理疗室的空间示例

▶ 常用理疗器械的基本尺寸

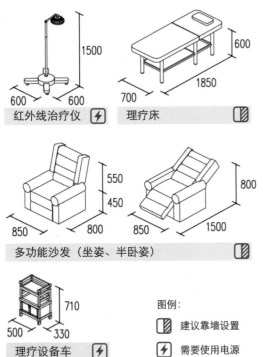

红外线治疗仪 ⚡　　理疗床 ▨

多功能沙发（坐姿、半卧姿）▨

理疗设备车 ⚡

图例：

▨ 建议靠墙设置

⚡ 需要使用电源

图 2.3.17　理疗室常用康复器械的类型、基本尺寸和空间需求

▶ 理疗室的平面布置示例分析

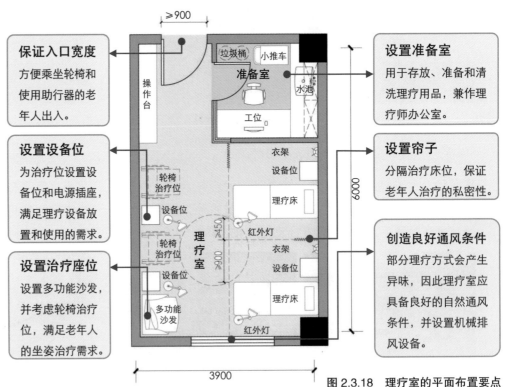

保证入口宽度
方便乘坐轮椅和使用助行器的老年人出入。

设置设备位
为治疗位设置设备位和电源插座，满足理疗设备放置和使用的需求。

设置治疗座位
设置多功能沙发，并考虑轮椅治疗位，满足老年人的坐姿治疗需求。

设置准备室
用于存放、准备和清洗理疗用品，兼作理疗师办公室。

设置帘子
分隔治疗床位，保证老年人治疗的私密性。

创造良好通风条件
部分理疗方式会产生异味，因此理疗室应具备良好的自然通风条件，并设置机械排风设备。

图 2.3.18　理疗室的平面布置要点

评估室的设计要点

▶ 评估室的基本功能和空间配置

评估室是供医护人员对老年人能力进行评估的空间。有条件时可设置专用房间（图 2.3.19）；也可与诊室、医护人员办公室、康复室等空间结合设置，以提高空间利用效率。评估室的面积和配置因设施而异，通常情况下，15~20m² 的使用面积即可开展基础的评估测试，满足民政部对养老设施开展老年人能力评估的环境要求（表 2.3.3）。

调研发现，一些养老设施当中的评估室虽然面积充足、设施齐全，但更多用于展示和应对检查，实际使用频率较低，造成了空间和资金的浪费。通常情况下，老年人及其家属通过对日常生活的观察体验，已经能够非常清楚地描述老年人的日常活动表现，加之部分养老设施还要求老年人在入住时提供专业医疗机构的体检报告，因此真正需要在评估室内开展的评估项目并不多，评估室也不需要全天都使用。建议评估室与康复室等功能空间结合设置，以提高空间利用效率（图 2.3.20）。

养老设施面向入住老人定期开展的能力评估项目[1]　表 2.3.3

一级指标	二级指标
日常生活活动	进食、洗澡、修饰、穿衣、大便控制、小便控制、如厕、床椅转移、平地行走、上下楼梯
精神状态	认知功能、攻击行为、抑郁症状
感知觉与沟通	意识水平、视力、听力、沟通交流
社会参与	生活能力、工作能力、时间/空间定向、人物定向、社会交往能力

1　资料来源：《老年人能力评估标准》MZ/T 039-2013。

▶ 评估室的平面布置示例分析

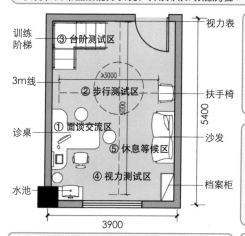

① 面谈交流区
设置诊桌、座椅和办公设备，供医护人员、老年人及其家属交流老年人身体状况和日常生活能力状况，开展认知功能测验、记录能力评估档案等工作。

② 步行测试区
提供直线距离不小于3m的步行测试场地，供医护人员对老年人进行起坐、站立、行走等项目的评估工作。

③ 台阶测试区
设置4~5个踏步高度130~150mm、宽度≥300mm的台阶，供医护人员对老年人上下台阶的能力进行测试。

④ 视力测试区
评估室需满足视力测试5m的视距要求，空间有限时可利用镜面反射满足测试要求。

⑤ 休息等候区
设置沙发或休息座椅，供老年人家属就坐休息等候。

图 2.3.19　评估室的平面设计要点分析

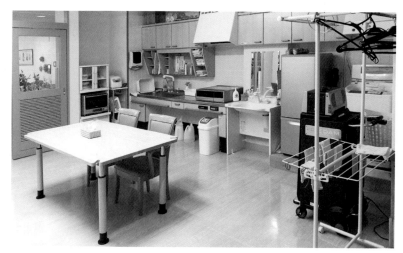

图 2.3.20　评估室与生活能力训练室结合设置，提高空间利用效率

心理咨询室的设计要点

▶ **心理咨询室的基本功能要求**

养老设施当中的心理咨询工作主要以陪同聊天、情绪安抚等形式开展，通常会设置一个相对安静、私密的房间作为心理咨询室（或称心理疏导室、谈心室等），供心理咨询师、社工或护理人员在安静、私密、轻松、愉悦的环境下帮助老年人排遣不良情绪，满足情感慰藉和心灵交流的需求。

空间有限时，心理咨询室可与诊室、医护人员办公室、社工室等空间合设；有条件时，心理咨询室内还可增设心理沙盘、视听系统等心理治疗设备（图2.3.21）。

▶ **心理咨询室的平面布置示例分析**

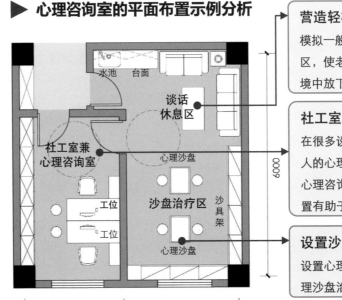

营造轻松舒适的谈话区

模拟一般家庭中的客厅环境设置谈话区，使老年人能在轻松舒适的熟悉环境中放下顾虑，敞开心扉，畅所欲言。

社工室与心理咨询室合设

在很多设施当中，社工承担着入住老人的心理慰藉工作，因此将社工室与心理咨询相关功能空间相邻或合并设置有助于提高空间利用效率。

设置沙盘治疗区

设置心理沙盘和沙具架，用于开展心理沙盘治疗。

图2.3.21　心理咨询室的平面设计要点分析

TIPS：德国某临终关怀设施的"玫瑰间"心理疏导室设计实例分析

这家设施主要针对癌症晚期的老年人提供临终关怀服务。设施中设有一个专用房间（图2.3.22），房间内设有对谈交流区，并通过推拉门与露台相连，主要供入住者、家属和员工接受生与死之间的精神过渡，缓释压力和感受心理关爱。房间设有一面透光的彩色玻璃墙，特别邀请艺术家制作了在德国文化中具有生死过渡象征意义的玫瑰图案，因此得名"玫瑰间（Rose Room）"。据员工介绍，这一空间已经陪伴了很多老年人安详地走完人生的最后一程，帮助照顾他们的家属和员工度过了最艰难的时光。

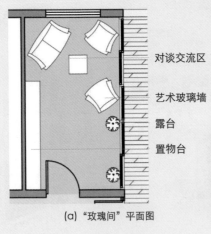

对谈交流区

艺术玻璃墙

露台

置物台

(a) "玫瑰间"平面图　　(b) 有心理抚慰作用的玻璃墙　　(c) 平静对谈的交流区

图2.3.22　德国某临终关怀设施"玫瑰间"平面图和实景照片

认知康复空间的设计要点

▶ 认知康复空间的基本功能要求

一些收住认知症老人的养老设施常设置认知康复室/区，供老年人在康复治疗师的指导下进行针对性的认知康复训练。常见的认知康复空间主要包括以下两类功能空间：

怀旧空间：布置老年人熟悉的家具、物件和场景，从而唤起老年人的回忆，引发话题，促进交流（图2.3.23）。

小组活动空间：设置可灵活布置的桌椅家具，满足老年人集体围坐和分组活动的需求（图2.3.24）。

图 2.3.23　怀旧空间的布置示例

▶ 认知康复空间的平面布置示例分析

认知康复通常以10人左右的小组活动形式展开，图2.3.24展示了一间30m²的认知康复室在集体围坐活动和分组作业活动两种状态下的平面布局状态，通过改变家具布置，能够实现两种使用模式之间的灵活转换。

空间形状方正，便于灵活布置　　沿墙设置储藏柜，用于存放小组活动用品　　采用轻便灵活可拼合的桌子形式，满足不同活动模式下的空间布置需求

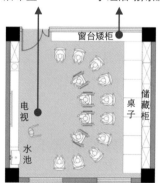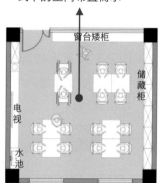

集体围坐活动模式　　　　　　分组作业活动模式

图 2.3.24　认知康复室的平面布置示例分析

TIPS：通过设置多感官治疗空间实现认知康复效果

多感官治疗空间主要通过彩色投影、舒缓的音乐和充满情感的物品等元素帮助失去沟通能力的认知障碍患者放松，以重新激发他们的情感反应。设计时应重点关注以下要点：

设置多样化的感官刺激设备，如放松软垫、情境灯光、投影、光纤缎带、光振球池、声振楔形垫、无尽深度灯镜等（图2.3.25）；

采取窗帘等遮光措施，尽可能设置完整的白色墙面，以保证发光的感官刺激设备能够更好地发挥作用。

放松软垫　　情境灯光　　投影

图 2.3.25　多感官治疗室的空间示例

日常康复活动空间的设计要点

▶ 促进康复活动融入日常生活

康复活动与康复治疗的最大区别在于，康复活动力求让老年人通过开展丰富的日常活动而非接受专门的医学治疗，起到预防保健和康复疗愈的作用。因此，在空间氛围方面，养老设施当中的康复活动空间应尽可能避免医疗化和机构化，提倡正常化和生活化；在空间形式方面，建议自然融入老年人开展日常活动的公共空间当中，而非孤立于日常活动空间之外；其根本目的是促进那些有意义的康复保健活动成为老年人每天自愿参与、自然发生的行为，而不是刻意安排的枯燥治疗。

图 2.3.26 所示的养老设施将康复健身器械与手工活动区和吧台区结合设置，老年人在这样的空间中进行活动，更加轻松自在。

▶ 通过丰富的空间和趣味的活动形式调动老年人积极性

趣味性和成就感对于调动老年人参与康复疗愈活动的积极性具有重要作用，因此可以考虑将一些富有趣味性的游戏和活动引入养老设施当中，例如趣味运动、桌面游戏、体感游戏等。

在空间设计方面，可根据设施的具体情况设置专用的特色活动空间，或利用公共活动空间、交通空间等作为老年人开展趣味活动的场所（图 2.3.27、图 2.3.28）。

此外，一些养老设施还通过引入虚拟货币的方式调动老年人参与活动的积极性，增加成就感，取得了不错的效果。在空间设计上，可预留出虚拟币"银行"的位置，作为老年人领取虚拟货币、兑换奖品的空间（图 2.3.29）。

注：日常康复活动空间的基本设计要点与公共活动空间类似，内容详见本系列图书卷 2 第二章第 4 节"公共活动空间"。本页内容仅在此基础上进行补充说明。

室外景观
① 康复健身器械区
② 吧台区　③ 手工制作区
↔ 空间相接视线相通

① 康复健身器械区

② 吧台区　③ 手工制作

图 2.3.26　"融入日常生活"理念下的康复健身空间设计实例分析

图 2.3.28　趣味性的康复游戏空间

图 2.3.27　结合走廊设置的趣味玩具　图 2.3.29　虚拟币"银行"空间示例

康复空间的组合设计示例

▶ 康复空间的组合设计示例分析

一些养老设施会将各类康复空间组合布置，图2.3.30给出的是一家300床养老设施当中的康复空间平面示例，由专业康复治疗空间和日常康复活动空间两部分组成，其中专业康复治疗空间使用面积为260m²，日常康复活动空间（与公共活动空间结合设置）的使用面积为210m²，能够面向入住老人和周边社区居民提供身体能力评估、运动治疗、作业治疗、心理治疗、言语治疗、理疗、日常生活技能训练以及日常康复活动等服务。

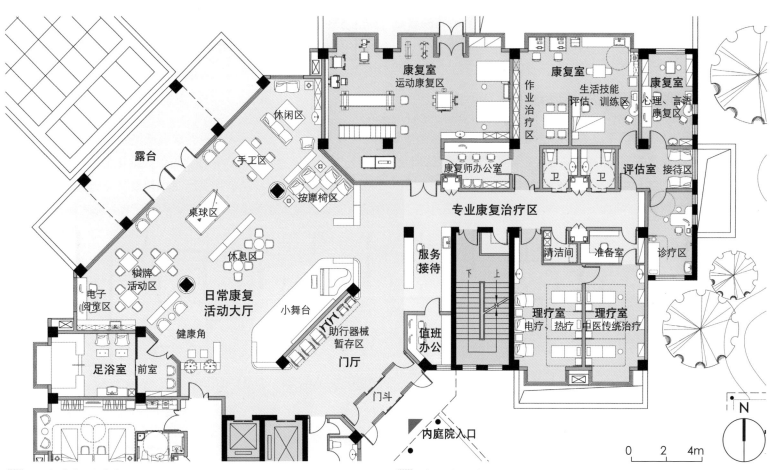

日常康复活动大厅

与设施的公共活动空间结合设置，能够满足老年人多样化的康复益智文体休闲活动需求。空间形式开敞、灵活可变，既可用作多功能厅开展大型集体活动，也可划分为若干功能分区，分别开展不同的活动。

专业康复治疗区

将评估、康复、理疗等专业康复治疗空间以及康复师办公室、准备室等辅助服务空间集中布置，在满足老年人各类康复治疗需求的同时，提高康复治疗专业人员的工作效率。

图2.3.30 康复空间的组合设计示例分析

康复空间的设计实例分析

▶ **项目概况**

这是荷兰的一家老年康复中心，位于一家大型综合医院配楼的三层，主要服务于因疾病或意外事故导致身体机能受损，需要康复训练的高龄老人。

设施平面如图2.3.31所示，主要设有两类较为集中的康复空间，分别是供老年人在康复治疗师指导下开展专业康复治疗的**康复训练大厅**和供老年人进行日常康复活动的**康复训练步道**。

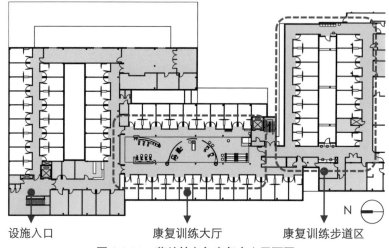

设施入口　　　　康复训练大厅　　　　康复训练步道区

图 2.3.31　荷兰某老年康复中心平面图

▶ **专业康复训练大厅的设计特色分析**

这个康复训练大厅位于设施平面的核心位置，与传统的康复训练大厅不同，其空间设计注重营造轻松愉悦的康复训练氛围，因此又被称为"康复花园"。康复训练大厅平面如图2.3.32所示，两侧与老人居室直接相连，意在让居住在这里的老年人一出居室就能参与到康复训练当中，鼓励他们积极锻炼，早日回归家庭。在空间营造上，专业康复训练大厅四周都设有高侧窗，白天能够享受到很好的自然光线；地面上通过矮墙和植物围合出三个各有侧重的康复训练区，空间和各种设备既高度契合，又具有一定的灵活性。

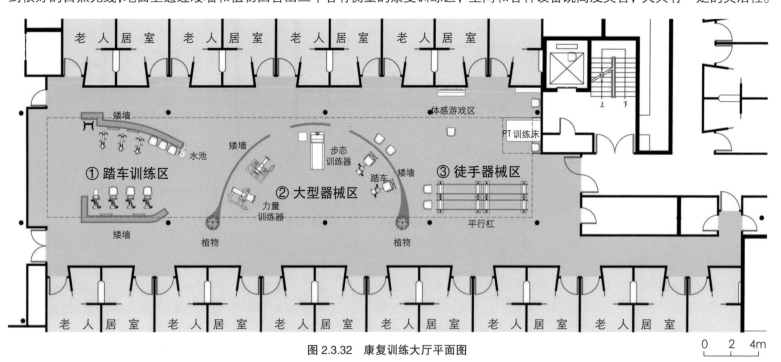

图 2.3.32　康复训练大厅平面图

0　2　4m

▶ 康复训练大厅三个功能区的设计特色分析

▷ 踏车训练区

矮墙上方设置绿植，起到美化环境愉悦身心的作用。

利用矮墙设置电视屏幕，使老年人在使用康复踏车的同时能够观看屏幕上的影像，为原本枯燥无味的康复训练增添趣味性。

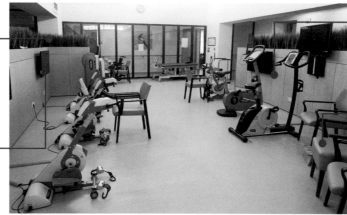

设置矮墙，用于将康复训练空间与通行空间划分开来，同时利用矮墙设置康复器械配套的电源插座和电视屏幕。

设置休息座椅，供老年人在康复训练前后就坐休息等待。

图2.3.33 踏车训练区的设计特色分析

▷ 大型器械区

圆弧形矮墙形成尺度适宜、具有围合感的康复训练区。沿矮墙设置大型康复器械，便于连接电源。器械之间间距适当，更易于使用轮椅和助行器的老年人接近。

康复器械向心布置，方便老年人在康复训练的过程当中进行视线上和语言上的交流互动。

图2.3.34 大型器械区的设计特色分析

▷ 徒手器械区

整个空间顶部设有高侧窗，白天具有良好的自然天光的效果。

预留相对开阔的活动场地，供康复治疗师组织老年人开展做操、游戏等特色康复活动。

设置平行杠、PT床等基本的康复训练器械，供老年人在康复治疗师的指导下开展针对性的运动训练。

图2.3.35 徒手器械区的设计特色分析

▶ 康复训练大厅的特色设备分析

▷ 情景化的康复踏车设备

图 2.3.36 所示的康复踏车与面前的显示器联动，进行踏车训练时，显示器画面能够模拟在世界各地骑行的场景，或经过著名的街道，或欣赏各地的美景，甚至可以体验各国传统节日文化，为原本枯燥无味的康复训练增添了趣味性和新鲜感。

图 2.3.36　配置有显示屏幕的康复踏车

▷ 智能化的步态评估系统

图 2.3.37 所示的智能步态评估系统能够根据老年人在器械上面的步行情况分析其步态特征，并制定针对性、精细化的训练方案。该器械可通过投影将训练内容以图案的形式投射在传送带上，辅助步态训练，并通过捕捉动态影像等方式判断训练效果。

图 2.3.37　智能化的步态评估系统

▷ 趣味化的体感游戏设备

徒手训练区的一侧设有大屏幕电视和体感游戏设备（图 2.3.38），内置了数十款专门针对老年人的康复游戏。各个游戏的训练目的各有侧重，涵盖视觉、认知、力量、耐力、平衡性、灵活性等诸多方面，游戏难度可灵活调节，能够适应不同身体状况的老年人。

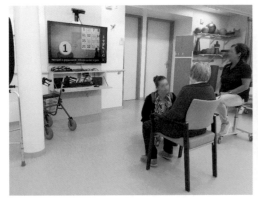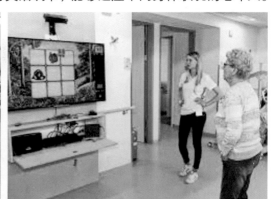

图 2.3.38　老年人利用体感游戏设备开展各项康复游戏的场景

▶ 日常康复训练步道的设计特色分析

康复训练步道利用设施当中的一条环形走廊设置而成，主要供老年人进行日常的步行训练和开展自助康复活动。步道途中设有若干"站点"，分别对应不同类型的训练项目，每个站点设有相应的运动健身器材，并张贴使用说明，康复治疗师不在时，老年人也可以自主进行一些简单的锻炼，绕步道一周沿途"打卡"就相当于完成了一轮综合训练，具有很好的效果（图 2.3.39、图 2.3.40 ）。

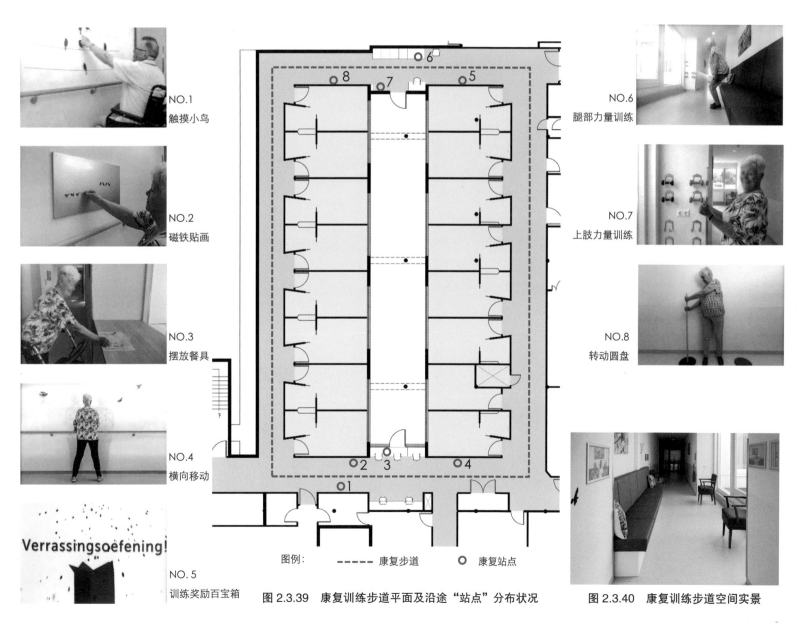

NO.1 触摸小鸟

NO.2 磁铁贴画

NO.3 摆放餐具

NO.4 横向移动

NO.5 训练奖励百宝箱

NO.6 腿部力量训练

NO.7 上肢力量训练

NO.8 转动圆盘

图例：　- - - - - 康复步道　　◯ 康复站点

图 2.3.39　康复训练步道平面及沿途"站点"分布状况

图 2.3.40　康复训练步道空间实景

第三章
室外环境设计

CHAPTER.3

第 1 节

室外环境
设计概述

室外环境的范围界定与重要性

▶ 养老设施室外环境范围界定

本章所指的养老设施室外环境通常包括活动广场、休息空间、散步道、园林景观和其他特色活动场地（图 3.1.1）。本章将重点阐述上述要素的整体布局、空间设计和细节设计要点，并对两个设计实例进行分析。

室外环境的场地规划、建筑布局和道路交通等内容已在本系列图书卷 1 第 4 章第 1 节"场地设计"中进行过详细论述，故此处不再赘述。

▶ 养老设施室外环境的重要性

▷ 丰富老年人日常生活

室外环境作为养老设施居住空间环境的重要组成部分，承担着老年人的室外活动功能。老年人平时闲暇时间比较充裕，室外空间可以丰富其日常生活，为其带来不一样的生活体验，从而保持身心的愉悦。

▷ 促进老年人身心健康

国外研究表明，良好的室外环境能令老年人更愿意开展室外活动，而经常参与室外活动可以有效地促进老年人的各类交往互动，提升幸福感（图 3.1.2）。

同时，老年人在室外接触阳光、新鲜空气等自然元素时可以缓解压力，减少焦虑情绪。室外环境的多样变化会对老年人的感官产生有益的刺激，具有疗愈作用（图 3.1.3）。

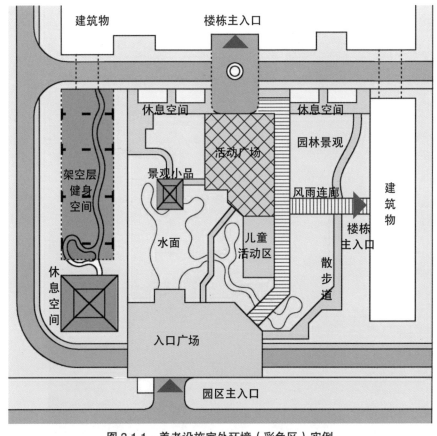

图 3.1.1　养老设施室外环境（彩色区）实例

图 3.1.2　老年人通过在室外空间开展园艺活动互相交流

图 3.1.3　室外活动令老年人保有对外部环境变化的感知

养老设施室外环境的常见设计问题

▶ 功能单调，手法失当

▷ 功能单一，使用率低

调研中发现，一些养老设施的室外环境功能单一且实用性不足，缺乏融合多种活动空间的考虑，导致对老年人吸引力不足，场地的使用率低下（图 3.1.4）。

▷ 尺度过大，缺乏配套

在设计用地相对宽裕的郊外养老设施项目时，一些设计师容易丧失对尺度感的把握，设计出类似图 3.1.5 所示广场这样的超大规模场地。由于没有赋予其适宜的功能和遮雨避雨的设施，这样的室外环境往往大而无用，甚至会引发老年人的畏惧心理，降低他们的室外活动频率（图 3.1.5）。

▶ 顾此失彼，忽略普适性原则

▷ 坡道取代台阶

为方便乘坐轮椅的老年人通行，常会通过设计坡道来处理室外环境中存在的高差。但在一些设施的设计当中，仅设置了坡道而没有设置台阶，导致能够自主行走的老年人不得不绕行坡道，造成不便（图 3.1.6）。

▷ 卵石步道过度应用

近年来，不少设施在花园中都设置了卵石步道供老年人休闲保健使用，但在一些设计中用卵石步道完全取代了普通的散步道，或将卵石步道设为主要通道，类似这样的错误做法不仅影响了人员的正常通行，而且存在较大的安全隐患（图 3.1.7）。

图 3.1.4　休息、健身设施缺乏与其他功能的融合，使用率不高

图 3.1.5　南方某养老设施门前设置尺度巨大的广场，无任何遮阴措施，日常难以利用

图 3.1.6
高差处仅设置坡道，正常人只能"绕行"颇为不便

图 3.1.7
卵石步道取代散步道，路面不平整增加了正常通行的安全隐患

▶ 对老年人身心特征及活动需求缺乏了解

▷ 地面铺装形式不当给老年人带来危险

如图3.1.8所示，设计师采用了小缓坡来处理道路边界的微小高差，本意想便于老年人通行，但由于转折处不明显，老年人很难意识到这里的高差变化，特别是在雨雪天，非常容易滑倒或绊倒。

在图3.1.9中，为增加绿化率，活动场地地面铺设了植草砖，不便于老年人，特别是拄拐杖和使用轮椅的老年人通行。

▷ 运动器械不适合老年人锻炼

随着年龄的增长，老年人的力量、耐力、平衡性各项身体机能都会出现不同程度的衰退。为了避免发生危险，他们通常不太会进行强度较大、对身体机能要求较高的器械运动项目。然而，一些养老设施在购置设备时，并未充分考虑老年人在这方面的特征，按照一般标准配置运动器械，导致部分运动器械的使用率很低（图3.1.10）。

▷ 活动配套设施缺乏细致考虑

一些设施设备在造型、材质和固定形式等方面缺少针对老年人的细致考虑。以休息座椅为例，图3.1.11所示的石凳较沉，不易搬动，导致老年人无法根据使用需求灵活调整座椅位置；图3.1.12所示的座椅缺乏扶手，老年人站起和坐下时无处撑扶。

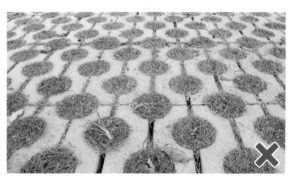

图3.1.8　铺地边沿采用小缓坡处理微小高差，不易被老年人发现，存在安全隐患　　图3.1.9　植草砖不便于老年人通行

图3.1.10　对老年人而言，需要双脚离地或跨越才能使用的运动器械存在一定危险

图3.1.11　石凳较沉，老年人难以灵活调整座椅位置　　图3.1.12　座椅缺乏扶手，老年人无处撑扶，起坐不便

室外环境的五个设计原则

▶ 原则① 重安全

提供安全的室外环境是适老化景观设计基本原则，其核心是尽可能避免老年人在室外活动时发生摔倒、跌落等事故。例如，要保证散步道平整、边界清晰（图 3.1.13），台阶处设扶手与提示，提供良好的室外照明，考虑监护视线、采取防跌落措施（图 3.1.14）等，提升老年人室外活动的安全性。

▶ 原则② 倡通达

▷ 提高室外活动场地的视线通透性

老年人喜欢从室内欣赏外面的风景或观察其他人活动，护理人员也需要了解到老年人在室外活动的状况。因此，条件允许时，可在设计中将室外环境中的休息空间、活动广场等场地与室内活动区、服务台保持视线的通透（图 3.1.15）。

▷ 确保室外活动场地的通畅易达性

室外环境应有良好的可达性，以提高各类活动空间的使用率。具体要点包括室外各活动场地之间均应由平整道路相连通，道路宜形成回路，尽量避免尽端路的出现；老年人喜爱的休息聊天、晒太阳等场地可以临近建筑出入口布置（图 3.1.16）；为照顾行动不便的老年人，可在其居住楼层设置露台、个人房间中设置阳台，以使其能就近利用（图 3.1.17）。

图 3.1.13　道路与植被之间界限清晰，道路拐角缓和，安全性高　　图 3.1.14　屋顶花园边界设置围挡，可避免老年人跌落

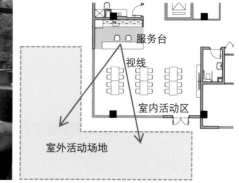

图 3.1.15　室外活动场地布置在室内活动区和服务台视线可以看到的区域

图 3.1.16　建筑入口附近的休息座椅与交流空间方便老年人到达　　图 3.1.17　利用露台布置休息区，鼓励行动不便的老年人进行室外活动

▶ 原则③　促交流

▷ 通过设置多元的活动区促进老年人交流

如设置种植园艺区、健身做操区、动物饲养区、棋牌对弈区等，为有共同兴趣爱好的老年人提供共同参与和交流的机会（图 3.1.18）。

▷ 通过布置休闲活动设施增进老年人交往

建筑出入口、活动广场、散步道、风雨连廊等是人流较为密集的地方，将健身器械、休息座椅等老年人喜欢停留和使用的设施布置在这些区域附近能够促进老年人开展交流（图 3.1.19、图 3.1.20）。

▶ 原则④　亲自然

▷ 搭配色彩鲜艳的植物刺激老年人的视觉

室外环境需尽量选择色彩鲜艳、明亮的植物，并注重对不同花色、花期、高度的植物进行搭配，营造色彩缤纷、错落有致的环境效果，刺激老年人的视觉感官（图 3.1.21）。

▷ 利用芳香植物与独特触感植物调动老年人的嗅觉、触觉

为了加强对老年人多方面的感官刺激，室外环境中还可种植一些芳香植物和带有独特触感的植物。需注意这些植物的种植密度、种植高度，方便不同身体情况的老年人（如使用轮椅的老年人）感知花卉的气味和触摸植物的质感（图 3.1.22）。

图 3.1.18　室外环境中开辟种植区和园艺区，鼓励老年人共同参与

图 3.1.19　风雨连廊与健身空间结合布置，利于形成人气　　图 3.1.20　廊下的座椅便于老年人休息时与过往的人交流

图 3.1.21　鲜艳的植物高低错落，组合搭配，营造丰富别致的室外景观

图 3.1.22　提升种植面高度、种植成片芳香植物，有利于老年人近距离欣赏花草，获得多感官刺激

▶ 原则⑤ 触情感

触情感是指室外环境中设置可以引起老年人欣喜、怀念等情感的景观小品，增加老年人在室外活动的乐趣，并引发交流和话题。

▷ 设置富有趣味性的景观小品

将一些可爱、有趣的小动物雕塑布置在草坪、灌木丛、水池中（图 3.1.23），老年人在室外活动时，不经意间发现它们的存在，能够产生意外的惊喜。

▷ 设置有怀旧意味的景观小品

老年人喜欢追忆旧日时光，对老物件常有怀旧情结。尤其是患有认知症的老年人，往往对年轻时期的事情还保留着记忆。将一些具有年代感的物品作为景观小品，能引发老年人回忆和共鸣，有时也用于安抚情绪（图 3.1.24）。

▷ 设置可以引发想象力的景观小品

室外环境也可设置小型装置或景观布景，来模拟大自然的声音或环境，引发老年人产生联想，调动情感参与（图 3.1.25、图 3.1.26）。

图 3.1.23 各种富有生趣的景观小品常会给老年人带来惊喜

图 3.1.24 玩偶、旧站牌等具有怀旧意味的景观小品可以引发老年人回忆

图 3.1.25 风起时，竹架间碰撞的声音可以为老年人营造置身竹林的氛围　　图 3.1.26 庭院中的景观布置能够让老年人产生置身于自然环境的感受

第 2 节

室外环境
设计要点

养老设施室外环境的构成

▶ **养老设施常见的室外环境构成**

养老设施中老年人的室外活动丰富多样，常见的活动包括跳舞、做操、打太极、演出、休息、聊天、散步、赏景、健身锻炼等。为了满足这些活动需求，室外环境需配置相应的空间。

养老设施室外环境通常由活动广场、休息空间、散步道、园林景观作为主体构成，其基本空间布局示例如图3.2.1所示。除上述较为常见的构成元素外，养老设施室外环境中还可根据老年人需求、场地条件，灵活设置多种多样的特色空间，例如器械健身区、动物饲养区、儿童游乐场、温室花园，等等。此外，根据位置的不同，室外环境又可划分为地面花园、屋顶花园、架空层、内庭院等多种类型。

本节将先整体阐述养老设施室外环境的布局要点，再进一步讲解室外环境常见构成要素的设计要点，最后分析地面铺装、照明、标识等室外环境细节的设计要点。

① 活动广场

用于老年人日常开展各种集体户外活动，也可供逢年过节时举办演出、联谊会等使用。空间相对开敞，通常采用硬质铺地。

② 休息空间

供老年人休息、打牌、聊天，或进行户外聚餐、喝茶等休闲活动。可集中布置，也可在散步道沿途或活动场地周边分散布置。

③ 散步道

是与老年人日常散步密切相关的室外环境要素，地面材质需平整，有一定弹性，道路要长而循环，串联起场地和景点。

④ 园林景观

养老设施中的园林景观除了具有观赏、遮阳、围合场地等功能外，还可供老年人亲近自然，开展种植、浇灌、采摘等各种园艺活动。可根据具体的使用功能和当地的气候条件，采用多样化的布置形式，选择适宜的植物类型。

⑤ 特色活动空间

供老年人开展运动健身、代际交流、动物养殖等特色活动的区域。可根据入住老人的兴趣爱好、所在地的风俗习惯、设施的运营理念等因素综合考虑特色活动空间的种类与形式。

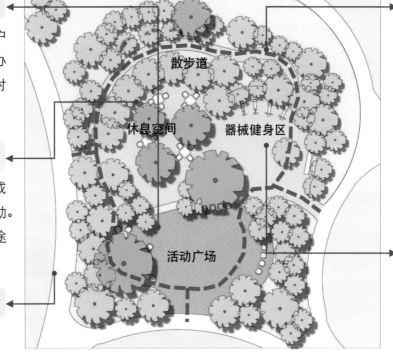

图3.2.1 室外环境的常见空间要素

室外环境的整体布局要点

▶ 要点① 营造适宜活动的微气候

老年人对气候变化比较敏感，对环境舒适度要求较高。室外环境设计时应根据各地气候条件，搭配植物、场地与建筑的关系，为老年人营造舒适的室外空间微气候。

通风和日照是室外活动空间设计的重要影响因素，需结合项目所在地不同季节的气候特点进行考虑。以北京为例，夏季气候炎热多雨，空气湿度较大，老年人更喜欢在阴凉通风的地方活动，设计时应注意将夏季室外活动场地布置在遮阴避雨、通风良好的位置，而避免布置在太阳暴晒、通风不畅之处（图3.2.2）。冬季天气寒冷，常伴有较强的大风，老年人更喜欢在阳光充足且避风的地方活动，因此设计时应将冬季室外活动场地布置在日照良好的位置，并注意利用建筑、植被、地形等条件阻挡寒风，形成相对舒适的活动场地（图3.2.3）。

图3.2.2 夏季老年人更喜欢在阴凉通风的区域活动　图3.2.3 冬季老年人喜欢在阳光充足且避风的地方活动

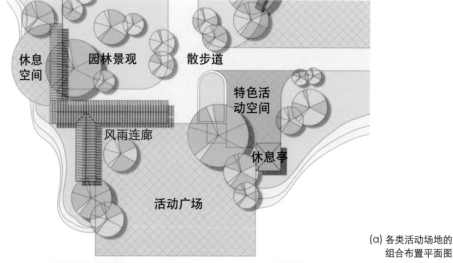

休息空间　园林景观　散步道　特色活动空间　风雨连廊　休息亭　活动广场

(a) 各类活动场地的组合布置平面图

▶ 要点② 各类活动场地宜相邻布置

不同类型的活动场地间宜保持动线和视线的通畅，方便进行室外活动的老年人能互相"串场"，提高各个场地的使用率，营造亲切热闹、充满人气的空间氛围。与此同时，还需注意避免不同场地在声音上的相互干扰（图3.2.4）。

(b) 活动广场（做操）　(c) 特色活动空间（曲艺）

图3.2.4 各类活动场地相邻布置，共同营造具有活力的氛围

▶ 要点③ 布置多种类型的室外环境

为了丰富老年人的室外活动场地，可以设置屋顶露台、下沉庭院、内庭院、架空层、阳台等多种类型的室外、半室外活动场地（图3.2.5）。

▷ 灰空间的利用

建筑檐下、廊下、架空层等灰空间具有遮阳避雨的条件，可设置半室外活动空间，用于老年人进行健身、棋牌、喝茶、乒乓球等活动。灰空间宜面向主要的景观活动空间，方便在此活动的老年人有景可观（图3.2.6）。

▷ 内庭、下沉庭院的利用

当建筑体量较大，尤其是平面进深较大时，可以设置内庭或下沉庭院，不仅可以改善建筑内部空间的通风及采光条件，而且能够为老年人提供近便、宜人的室外休息活动空间，有时候还可以兼作晾晒场地等辅助空间（图3.2.7、图3.2.8）。

▶ 要点④ 分层次设置多样化的室外空间

在养老设施室外环境中，既可设置供全体老年人共同活动的室外空间，也可根据区域和位置，设置专供特定人群使用的室外空间。如图3.2.9所示，室外空间的中心设置公共花园，所有老年人均可使用，并在每个老年人居住楼栋附近设置专属于本栋楼老年人使用的楼宇花园，增强老年人的归属感。

图3.2.5 德国某养老设施将屋顶开辟为种植园艺区

图3.2.6 某养老设施的架空层面向景观设置休闲空间

图3.2.7 日本某养老设施将下沉庭院作为老年人的休闲活动空间

图3.2.8 国外某养老设施设置内庭花园

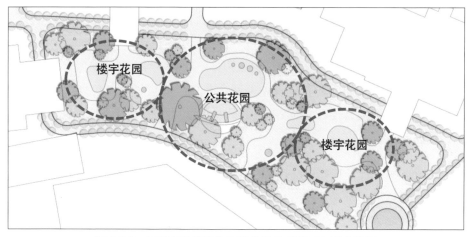

图3.2.9 某养老设施室外环境分设公共花园和楼宇花园

楼宇花园

公共花园

楼宇花园

活动广场的设计要点

▶ 活动广场宜集中开敞，且需考虑多功能性

老年人的各类集体活动，例如早间及晚间的跳舞、做操、打太极等是较为常见的户外活动形式。为了满足这类集体活动的需求，养老设施室外环境中需至少配置一处较为集中、铺设硬质铺地的活动广场。为了保证空间开敞性，适应集体活动的需求，活动广场中间不宜做过多分隔（图3.2.10）。

活动广场通常可以作为室外环境的一个中心节点进行设计，

其周边可结合设置散步道、休息空间、健身空间等，使各类活动空间充分融合在一起，提高老年人在户外活动的丰富性和互动性（图3.2.11）。

活动广场还可考虑提供多样化的空间条件和设施设备，以便开展更多种类的集体活动。例如设置遮阳设备，并在周边配置座椅，以便在夏季开展集体演出、游戏等活动（图3.2.12）。

图3.2.10 室外场地分隔过多，不便用于集体活动

图3.2.11 活动广场与周边散步道、休息空间结合设置，使老年人各种活动融合在一起

图3.2.12 活动广场设置遮阳棚，配置座椅，可在夏季用于集体演出

▶ 活动广场大小可根据活动需求设置

活动广场的大小可以根据养老设施户外空间的使用人数、常见活动类型进行设置。例如，若养老设施中通常有30~40位老年人集体跳舞，每个人跳舞活动直径在2.5m左右，人均活动面积约4m²，则活动广场的面积宜设置为150m²左右。

另外，当场地条件允许时，活动广场可分"大场"和"小场"设置，即除上述较大的活动广场外，还可设置较小的活动广场。"小场"可以是容纳十余人共同活动的50~60m²广场，便于开展多样化的小规模集体活动（图3.2.13）。

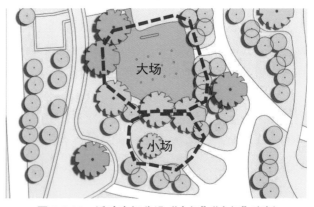

图3.2.13 活动广场分设"大场""小场"实例

▶ 活动广场需与老年人居住楼栋和车行道路保持距离

老年人集体活动时可能会播放音乐，为避免声音干扰其他老年人，活动广场需与老年人居住楼栋保持适当距离。

另外，为了避免车流接近或车辆穿行时带来安全隐患，以及车辆噪声和尾气对老年人活动产生影响，活动广场也应与车行道路保持一定距离，或在二者之间设置分隔（图3.2.14）。

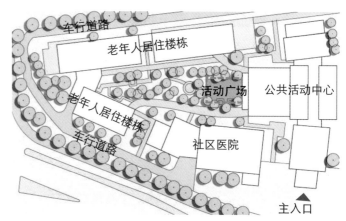

图3.2.14　活动广场与车行道路的位置关系示例

▶ 活动广场布置需考虑光线、视线、风向等多种条件

领操区布置在广场北侧

老年人在跳舞、做操时一般需要领操员，需考虑设置领操区。由于跳舞、做操等活动主要集中在早上和傍晚，为避免早晚东向、西向的光线直射眼睛，老年人跳舞时通常面向北，因此领操区可布置在场地的北侧。

考虑老年人均能看到领操区

广场形状宜为圆形、宽长形，以便老年人跳舞、做操时尽量横向展开在领操区面前，后排老年人也能够看清领操区（图3.2.15）。

提供遮阳条件

可利用廊架、楼栋、张拉膜、树木等提供遮阳条件，保证老年人集体活动的舒适（图3.2.16）。

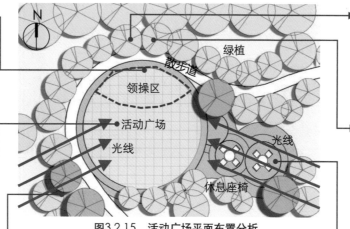

图3.2.15　活动广场平面布置分析

围合界定空间，形成领域感

可利用绿植、凉亭、廊架、散步道、楼栋等围合、界定活动广场，形成较为安定的空间感受。

利用树木抵挡寒风

以北京为例，冬季盛行西北风，可在活动广场西北侧种植树木进行围挡。

周边设休息座椅

方便老年人在活动过程中进行休息，也提供了在场地周边观望集体活动或演出的条件。

图3.2.16　早操时广场利用周边楼栋遮阳

147

休息空间的设计要点

▶ 临近人员流线和活动场地设置休息空间

根据调研，室外环境中的休息空间常布置在出入口、散步道沿途和活动场地周边等人员流线经过或活动较为集中的位置，各类休息空间的设置要点分析如下。

① 出入口：调研发现，老年人喜欢在设施出入口、楼栋或公共空间的出入口等人流较为集中的地方休息，一边观望来往的人群，一边进行聊天、下棋等活动，可在这些位置设置休息空间，满足相应的活动需求（图3.2.17）。

② 散步道沿途：散步道沿途，尤其是交叉口、转折处人员流线通过的位置需设置休息空间，以便老年人在散步过程中休息与交流。

③ 活动场地周边：活动广场、健身空间、儿童游戏场地是老年人喜欢停留的场所，场地周边需设置休息空间，以便老年人观望和休息。

图3.2.17　位于出入口，靠近散步道的休息空间实例

▶ 设置满足不同使用需求的休息空间

设施内人群对休息空间的使用需求各不相同，在设计时可分别设置适宜的休息空间，以便他们各取所需。例如，一些老年人喜欢独处或静养，需要相对安静、私密、小尺度的休息空间，可结合散步道或植物景观设计相应的空间；而另一些老年人则喜欢围坐在一起聊天、喝茶、打牌，更需要设置带有桌椅等设施、可容纳多人、便于开展集体活动的空间，通常可结合活动广场或景观小品满足他们对于休息空间的需求（图3.2.18）。

图3.2.18　适合聚会的休息空间实例

▶ 提供能够遮阳避雨的休息空间

室外环境中需考虑利用植物、构筑物或其他设施设备为休息空间提供遮阳、避雨的条件，使人们即便是在炎热多雨的季节也能进行一定的室外活动。

常见的设计手法包括设置凉亭、风雨连廊、阳伞等设施（图3.2.19），或利用建筑架空层、挑檐下方空间设置休息空间。

图3.2.19　能够遮风避雨的休息设施实例

▶ 休息空间需避让道路

休息空间应避免占用交通空间，减少人流与休息空间的相互打扰。沿路设置时，休息座椅需适当退后一段距离，形成一个"凹"形空间供人们休息和交流（图 3.2.20）。

图 3.2.20 休息空间与道路间设置缓冲区的实例

休息空间与路面的交接处需注意平接，消除高差

▶ 考虑乘坐轮椅老年人的停留空间

休息空间需考虑乘坐轮椅的老年人及其陪护者的休息、交谈需求，应留有平坦的轮椅停放空间。当配有桌子时，桌面下部留空净高不得低于 650mm，以便乘坐轮椅的老年人接近和使用（图 3.2.21）。

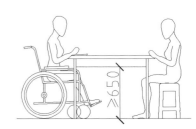

图 3.2.21 为便于乘坐轮椅的老年人接近和使用桌子，桌子下方需要留出至少 650mm 高的空间

▶ 休息座椅的设计形式与材质符合老年人使用需求

▷ 休息座椅形式的设计要点

① 设有角度合适的靠背。老年人长时间就坐易疲劳，因此应注意选择带靠背的休息座椅，靠背向后倾斜的角度不宜过大，否则老年人坐下后不便站起。

② 设置结实、圆润的扶手。老年人站起和坐下时均需要撑扶扶手来借力或稳定身体，因此休息座椅需设置结实稳固、易于抓握的扶手。扶手前端需适当延伸至座位前部，以便老年人站起时撑扶。

③ 适当设置可移动座椅，以便老年人在下棋、观景时能够灵活选择最佳的位置。

▷ 休息座椅材质的选择要点

① 触感舒适：座椅的座面和靠背宜采用触感舒适柔和的材料，避免采用石材、金属等过于坚硬，或对温度变化过于敏感的材料（图 3.2.22）。

② 坚固耐用：室外环境当中的座椅需要经受各种气候条件的考验，因此应选择耐久性好、维护要求低的材料，以避免损坏或增加维护成本。

综上，休息座椅的座面和靠背可首选木材，或者与之相似的仿木材、藤条等材料；而结构框架则更适合使用金属等耐久度更高的材料（图 3.2.23）。在条件允许时，还可为座椅加设靠垫、坐垫，以提高舒适性。

图 3.2.22 石凳较凉较硬，导致老年人需自带垫子甚至椅子才能安坐

图 3.2.23 木质的休息座椅表面可以给老年人带来更加舒适柔和的就坐体验

散步道的设计要点

▶ 散步道宜形成回路，设有多样的路径

从灵活满足不同老年人行为需求的角度考虑，散步道在设置时需注意以下要点（图3.2.24）。

① 散步道宜形成回路，便于老年人持续、往复地进行散步锻炼活动。

② 散步道宜设置不同长度，使老年人可以根据自己的时间安排、身体状态灵活选择绕"大圈"或"小圈"散步。

③ 主要散步道（尤其是靠近老年人居住楼栋入口一侧）最好设置多个出入口，便于老年人就近出入。

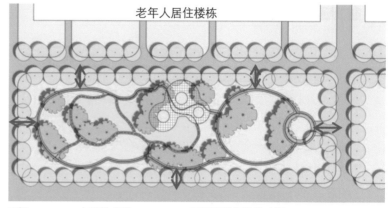

图例：——— 主要散步道　········· 可灵活选择的散步道

图 3.2.24　散步道设计示例

▶ 散步道串联主要活动场地和景观节点

散步道需尽量串联起养老设施室外环境中主要的活动场地和景观节点（如凉亭、大树、喷泉、棋牌区、健身区等），这样一方面可以提高散步道的丰富性和趣味性，另一方面也可增强这些节点空间的可达性和人气，使老年人在散步过程中可以看到并自由加入各类活动，促进老年人之间的交流。此外，活动场地和景观节点还可作为标志物，帮助老年人进行空间定位（图3.2.25）。

▶ 散步道适当蜿蜒变化

长而笔直的散步道缺乏趣味性，过于曲折的道路又不便于乘坐轮椅和使用助行器的老年人通行。

为了避免上述问题，散步道应在保证通行顺畅的前提下适当蜿蜒，并与活动场地、景观节点灵活结合，创造步移景异的空间效果，使室外空间更富有趣味性（图3.2.26）。

图 3.2.25　散步道穿过健身空间，利于聚集人气

图 3.2.26　适当蜿蜒的散步道更具趣味性

▶ 散步道路面细节设计需注意安全

散步道在路面细节设计上需注意以下三个方面。

① 妥善处理高差：散步道路面及与其他地面材料的交接处应避免高差。存在高差时，应通过坡度不大于1：12的坡道过渡，高差较大时需考虑适当加设栏杆或扶手。另外，需避免井盖、水管等设施设备磕绊老年人，因此排水沟、排水箅子等应尽量设在散步道外（图3.2.27）。

② 转角弧度得当：人们在通过比较尖锐的转角时往往愿意踩出路面"抄近道"，容易发生磕绊。此外，尖锐的转角也不利于轮椅转弯、通行。

因此，散步道的转弯处需设置合适的转角弧度，以便于人员和助行器通行（图3.2.28）。

③ 突出边界轮廓：老年人视力水平有所下降，若散步道边界模糊，老年人有可能因分辨不清散步道边缘而踩入周边的草坪，发生崴脚或磕绊等事故。

因此散步道与周边景观的交界应明确，采用色彩对比强烈的材质，做到边界清晰，易于老年人识别（图3.2.29）。

图3.2.27 排水设施造成轮椅磕绊

图3.2.28 转弯处倒角半径不足，通行不便

图3.2.29 散步道与周边铺地界限清晰

TIPS：增强散步道趣味性，鼓励老年人锻炼

富有趣味性的散步道设计可起到鼓励老年人锻炼的作用（图3.2.30）。例如，设置距离提示，便于老年人计算自己的运动量，制定相应目标或计划，调动老年人自发锻炼的积极性。又如，在保障安全且不影响正常通行的前提下，可局部"故意"设置不同铺地或带有高差的散步道（应注意设置在主要散步道之外），给老年人以不同的锻炼体验。

图3.2.30 在主要步行道之外局部铺设不同材质、带有高差的路面给老年人以不同的行走体验

园林景观的设计要点

▶ **园林景观注重功能实用，便于开展各种活动**

对于长时间生活在养老设施中的老年人来说，园林景观并不是仅仅用来观赏的，还需要能够用于开展各类日常活动。对于中小规模的养老设施，室外环境空间有限，更需注意园林景观功能的实用性，每一处园林景观均需尽量让老年人能够接近并使用，满足老年人的室外活动需求。

具体来说，一方面要注意园林景观地面相对平整，保证老年人使用时的安全和便捷；另一方面要灵活配置多样化的实用型园林景观，例如可上人活动的草坪（图 3.2.31），以及能够让老年人自行耕种的菜地、种植园（图 3.2.32）等，并配置必要的休息空间、散步道，让老年人可走进其中进行活动。

图 3.2.31
国外某养老设施的草坪可用于全院老年人及其亲属的聚会活动

图 3.2.32
室外空间设置菜地，可供老年人自行耕种

▶ **空间布局兼顾功能与景观作用**

▷ **围合场地，遮挡寒风和日晒**

园林景观需根据当地气候条件对场地进行适当围合，阻挡寒风。例如，北京盛行西北风，活动广场的西北侧可种植较为密集的常绿植物，以形成挡风屏障。休息空间还可设置较为高大的植物，遮挡日晒，形成阴凉空间，避免高温、直射光线对老年人的休息和活动造成影响（图 3.2.33）。

▷ **形成节点，起到标识作用**

活动广场及休息空间的中心、散步道的尽端、楼栋的主入口附近等处可利用树木、雕塑、水景等园林景观元素形成节点，丰富景致，起到标识作用，方便老年人定位，甚至成为养老设施的标志性象征（图 3.2.34）。

图 3.2.33
活动广场周边利用植物遮挡寒风与日晒

图 3.2.34
庭院中心设置雕塑，成为设施花园的象征

▶ **园林中可设置便于老年人接近与使用的花槽、花台**

养老设施的园林景观需充分考虑老年人能够接近，以便触摸、嗅闻和浇灌花草。

可设置抬高的花台，便于老年人，尤其是乘坐轮椅的老年人接近。考虑到乘坐轮椅的老年人坐姿操作高度，花台高宜为 750mm 左右。

另外，需注意选择覆土深度较小的植物，以保障花台底部留空净高至少为 650mm，以便于乘坐轮椅的老年人接近和使用（图 3.2.35）。

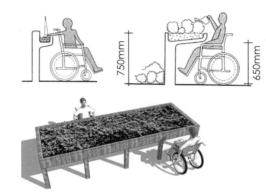

图 3.2.35　便于老年人接近的花台设计分析

▶ **选择适合老年人的植物类型**

养老设施中的老年人经常会近距离接触植物，如进行种植和浇灌，或触摸和嗅闻它们的气味。因此，各种植物都需在保障安全的前提下进行种植，避免选择多飞絮、多刺、有毒、有异味、会引起过敏的植物，保证老年人能够和植物安全互动。

老年人分辨颜色的能力有所衰退，在植物颜色的选择上，相比于蓝色、紫色，宜优先选择老年人的眼睛更容易分辨的橙色、红色、黄色、白色等更加明亮、鲜艳的颜色（图 3.2.36）。

另外，老年人腿脚不便，需注意选择不易落果、落叶的植物，避免老年人因不慎踩到落叶、落果而滑倒。也不宜选择枝杈横向伸出较多的植物，避免绊倒老年人或妨碍其正常活动（图 3.2.37）。

图 3.2.36　园林景观中种植色彩明亮、鲜艳的植物更易于刺激老年人的感官

图 3.2.37　植物连片生长，枝杈伸出绿地边缘，容易绊倒老年人

特色活动空间的设计要点

▶ 特色活动空间的常见设计手法和要点

养老设施的室外环境不应"千篇一律"，除了前述各类空间外，还可根据老年人的兴趣爱好、当地特色、场地条件等设置灵活多样的空间或设施，如动物饲养空间、健身空间、儿童游戏空间、温室花园等。

▷ 设置动物饲养空间促进老年人与动物互动

许多老年人喜欢照看小动物，但养老设施室内一般不允许私人饲养宠物。室外环境中可以考虑设置小型的动物饲养空间或设施，促进老年人与动物的互动，增加养老设施的生趣。例如，可通过在室外环境中设置小型鸡舍、兔笼等，并在旁边设置休息座椅，鼓励老年人观看小动物的活动，或亲身参与动物照料当中（图3.2.38）。

图 3.2.38　养老设施中的小动物饲养空间实例

▷ 将健身空间与其他场地结合，并设置多样化的设施

设施中可设置一些健身空间，供老年人灵活开展锻炼活动。健身空间可与其他场地结合布置，以提高可达性和使用率。例如，将健身空间与活动广场、休息空间结合布置，或设于散步道旁，使老年人在活动过程中"顺便"使用健身器械进行放松锻炼（图3.2.39）。

健身空间可搭配儿童活动设施布置，方便老年人与儿童共同进行活动；健身器械的选择应适合老年人的身体状况，确保使用的安全性，避免设置对身体素质要求较高的健身器械；此外，还可布置门球场、乒乓球台等多样化的设施，满足不同老年人的需求（图3.2.40）。

图 3.2.39　健身空间设置在散步道旁，便于老年人散步过程中进行锻炼　　图 3.2.40　健身空间可设置多种多样的游戏场地

▷ 提供儿童活动设施引发代际交流

亲属经常会带孩子一起来养老设施看望老年人，因此室外环境中适当设置儿童活动设施（如沙坑、秋千、滑梯等）可以让孩子有地方玩耍，起到鼓励和吸引孩子走进养老设施的作用，从而增加孩子看望、陪伴老年人的时间，引发代际交流，为老年人的生活带来乐趣与活力（图3.2.41）。

图 3.2.41　养老设施中的儿童活动设施实例

▶ 设置温室花园丰富植物种植类型

在北方寒冷地区，受到气候、场地条件的限制，养老设施当中可供种植的植物类型较为单一。在寒冷的冬季，室外植物的萧条景象会使老年人心情惆怅。

因此，室外环境中可以考虑设置温室花园，使设施内四季均有可供观赏的植物（图3.2.42）。

温室花园内需注意设置用水点和储藏空间，便于浇灌和存放园艺用具。

有条件时，温室花园内还可加设暖气、地暖或空调设备。

图 3.2.42 设置温室花园，丰富植物类型，让老年人在冬季也能欣赏到绿色植物

▶ 利用室内外过渡空间给老年人提供缓冲

老年人在室内外空间转换时往往需要一个过渡空间，来适应室内外的光线和温度变化。

室内外过渡空间通常布置在老年人进出较为频繁的位置，例如建筑主入口旁，公共餐厅或活动空间连接室外的区域等。其设计形式多种多样，既可以是带遮阳棚的室外平台，开敞的柱廊，也可以是半封闭的阳光房、室外廊架等（图3.2.43）。此外，通过配置休息座椅，营造丰富的景观视野，使过渡空间能够成为老年人最感舒适惬意的休息停留交谈场所。

(a) 室外平台

(b) 开敞柱廊

(c) 阳光房

(d) 室外廊架

图 3.2.43 常见的室内外过渡空间类型

地面铺装的设计要点

▶ 地面铺装常见错误

养老设施当中的老年人存在身体机能衰退，需要使用助行器械的情况。若地面铺装未考虑老年人的身体特征，则容易出现以下问题：

铺地材料的拼接尺度和颜色与台阶类似，给人以起伏感，容易让老年人误以为是高差，引起老年人的恐惧和不适（图3.2.44）。	使用卵石、沙子、碎石、植草砖、糙面石材等表面凹凸不平或摩擦力过大的材料作为地面铺装，容易绊倒老年人，并给轮椅通行带来不便（图3.2.45）。	使用表面过于光滑的光面石材或其他类似的抛光材料作为地面铺装材料时，容易在雨雪天气造成老年人滑倒，或因眩光过强给老年人造成不适（图3.2.46）。	材料的缝隙或间隔过大，不同材料的交接处出现凹凸，或未能平整相接、接缝较大，无法保障无障碍通行的连贯性（图3.2.47）。

图 3.2.44　铺装图案不当形成视错觉，让人误以为是台阶 　　图 3.2.45　地面粗糙，不利轮椅通行 　　图 3.2.46　石材过于光滑，老年人易摔倒或产生眩光不适感 　　图 3.2.47　汀步连贯性不足，老年人易磕绊

▶ 地面铺装材料选择与形式设计要点

养老设施室外环境的地面铺装应首先注重安全性，综合考虑路面平坦、防滑、防眩光、耐久等设计需求，做到色彩柔和、图案简洁，与周边空间区分明确。

其次，地面铺装材料的选择应与场地功能相匹配。例如，做操、跳舞等大面积活动广场宜采用水磨石等质地坚实、耐久、防滑、易清洁的材料（图3.2.48）；散步道、健身空间则可采用塑胶地面等相对柔软、有弹性的材料，以提供缓冲，避免伤害（图3.2.49）。

图 3.2.48　活动广场铺设水磨石，防滑耐用 　　图 3.2.49　散步道采用塑胶地面，易于老年人行走

TIPS：需特别注意道路边缘处理

道路边缘是不同材料的交接处，容易发生老年人磕绊或滑倒等问题，需特别引起注意。

例如，路边泥土需注意略高于路面，以免老年人踩到泥里崴脚；同时路边泥土也不能过高，否则下雨时泥土容易被冲到路面，妨碍老年人通行。

又如，路边为了防水有时会铺设鹅卵石，鹅卵石需适当固定，否则容易散落到路面上绊倒老年人（图3.2.50）。

图 3.2.50　需注意避免道路边缘的鹅卵石散落到路面上妨碍通行

室外照明的设计要点

▶ 避免眩光

养老设施室外环境的照明在保障一定照度的基础上，还需注意避免眩光。设计时可从灯具选型和光源位置两个方面抑制眩光的产生。

首先，应选用漫射光源，或采用不透明、半透明灯罩遮挡直射灯光，制造柔和的漫射光或反射光。对于亮度、高度均较高的路灯，应选择截光型灯具或通过设置遮光板、遮光格栅来避免逸散光影响临近楼栋中老年人的休息。

其次，应合理控制入射光源的高度和角度，增加可有效利用的光源，减少障害光源和无用光源。地面上的灯需注意光线尽量向下方投射形成漫射光，避免形成眩光（图3.2.51）。

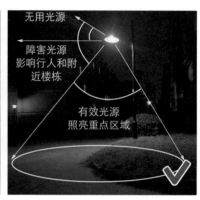

(a) 路灯光线直射人眼，存在眩光，容易造成不适　(b) 控制光源高度和角度，减少障害光源和无用光源

图 3.2.51　室外照明设计应避免出现眩光问题

▶ 避免阴影

室外环境的照明设计应注意尽量消除散步道和各类活动场地地面上近身侧的阴影，可采用高低照明灯具相结合的布置方式，使老年人能够看清身前的道路，并辨别道路两侧的轮廓，提高室外活动的安全性（图3.2.52）。

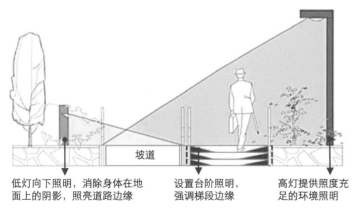

低灯向下照明，消除身体在地面上的阴影，照亮道路边缘　设置台阶照明，强调梯段边缘　高灯提供照度充足的环境照明

图 3.2.52　采用高低照明相结合的方式消除地面阴影

▶ 重点部位补充照明

在道路边缘、水池岸边等边界处，以及台阶、坡道等高差处可重点提供补充照明，以保障老年人夜晚在这些区域活动时的安全。此外还需注意打光之后的效果，避免光线过强产生眩光和阴影（图3.2.53）。

图 3.2.53　台阶表面光照过强，容易使老年人晕眩　岸边设置照明提示，且亮度柔和，不会产生眩光

室外标识的设计要点

▶ **标识的位置分布需易于老年人和来访人员查看**

养老设施室外环境中的标识大致分为三个层次，其位置分布要点如下（图3.2.54）。

① 总平面布局标识：设于院区主入口、园林入口等主要人员通行且易于观察到的位置。通常利用简明的总平面布局图，指示养老设施主体楼栋、活动场地分布状况（图3.2.55）。

② 节点标识：主要设于道路分叉口、园林中多条路径的交汇口等处，指示不同方向的区域或主要园林节点、活动场地等位置（图3.2.56）。

③ 楼栋标识：一般位于养老设施各主要楼栋的外立面或出入口附近，指示楼栋编号、名称、单元号等信息。当楼栋标识设置在楼栋出入口附近的车行道路旁边时需考虑来车方向，便于车辆提前做出选择。另外，楼栋标识应能够形成多层次的提示体系，方便老年人和来访人员从不同距离、不同角度查看（图3.2.57）。

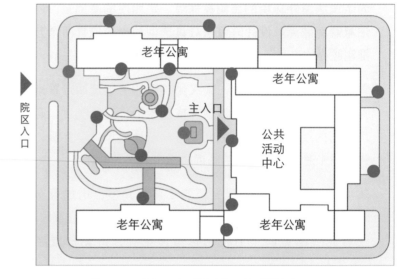

图例：　● 总平面布局标识　● 节点标识　● 楼栋标识

图 3.2.54　标识在养老设施院区中的位置分布示例

图 3.2.55　总平面布局标识示例　　**图 3.2.56　节点标识示例**

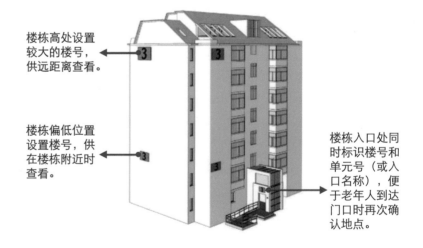

楼栋高处设置较大的楼号，供远距离查看。

楼栋偏低位置设置楼号，供在楼栋附近时查看。

楼栋入口处同时标识楼号和单元号（或入口名称），便于老年人到达门口时再次确认地点。

图 3.2.57　楼栋标识可分高、中、低三个区位设置

▶ 标识的设计形式要符合老年人的使用需求

为了便于老年人识别、查看标识，快速而准确地获得标识信息，标识的设计形式需在高度、内容、材质等方面充分考虑老年人的使用需求进行设计。

① 标识高度宜设置在人的平视视线范围内

标识高度除了需考虑正常人的平视视线高度外，还要考虑到老年人身体机能衰退、需要使用轮椅或助行器等特点，可进行适度降低。因此，标识的适宜高度通常在距地 500~2000mm 的范围内（图 3.2.58）。如设置在夜晚环境光不足的位置时可以考虑为标识补充照明器具。

② 标识内容需简明、清晰

标识的图文信息等内容需精炼准确，并可考虑为箭头等图示添加必要的文字说明，以方便人快速理解。

标识的图文信息需做到色彩鲜明，与背景有较强烈的对比；背景应图案朴素、色彩简洁，通常可以用深色的单色背景来衬托白色图文，以便于老年人识别（图 3.2.59）。

③ 标识材质需结实耐用，并注意避免眩光、反光

玻璃是较为常见的标识牌材质，其具有光洁亮丽、易于擦拭等优点，但用于养老设施时容易因反光问题而让老年人看不清标识内容，因此在养老设施内使用时需十分谨慎。

养老设施内比较适宜使用的标识材质通常是质地坚实，更加便于衬托图文信息的木材、石材或金属（图 3.2.60）。

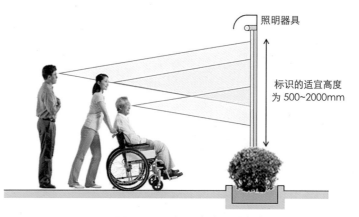

图 3.2.58 标识高度尺寸示意

图 3.2.59 标识内容应简明清晰，便于识别

图 3.2.60 标识材质选择应避免造成眩光、反光问题

第 3 节

屋顶花园

屋顶花园的重要性与特殊性

▶ 什么情况下要设屋顶花园？

本节讨论的"屋顶花园"是指广义上的屋顶活动空间，包括屋顶广场、屋顶菜园等，也包括屋顶退台、室外露台等其他形式的屋顶活动空间。

在养老设施建造屋顶花园可增加绿化面积，扩充室外空间，让老年人有更多机会接触自然环境。不过相比于地面花园，屋顶花园的建造条件特殊，建设难度大、造价高，设置时需权衡多种因素综合考虑。那么什么情况下可考虑设屋顶花园呢？

① 养老设施用地紧张时，设屋顶花园作为室外环境的有效补充

当养老设施建设用地有限，地面没有充足的空间设室外活动场地时，可布置屋顶花园，以拓展室外空间，满足老年人的室外活动需求（图 3.3.1）。

② 具有专属/专项活动需求时，设屋顶花园作为相应活动场地

屋顶的出入口少，易于管理，适宜用作特定人群的专属花园，如认知症花园；屋顶空间独立，可承担一些专项活动，用作专项活动场地，如屋顶园艺花园、屋顶门球场等。

▶ 屋顶花园的特殊性

与地面相比，屋顶区域的风、光、热等自然环境条件以及边界、结构等空间环境条件具有一定特殊性，在设计屋顶花园时如果未加注意，可能会导致花园建成效果不佳而影响使用，造成资金、空间等资源的浪费。

表 3.3.1 从自然环境和空间环境两个方面列出了屋顶花园的特殊条件，具体涉及极端气候的应对、屋顶排水的组织、屋顶植物的灌溉、屋顶边界的维护、设施设备的排布、楼面高差的处理、覆土条件的限制等方面，设计时需予以重视并加以应对。

图 3.3.1　某养老设施用地紧张，设屋顶园艺花园丰富室外活动空间

设计屋顶花园面临的特殊条件　　　　表 3.3.1

类别		内容
自然环境特殊条件	☀	与地面相比，屋顶光照更强、风速更大，更容易受到极端天气影响，设计时需考虑的气候因素较复杂
	〰	降雨后屋顶的排水难度比地面大，对排水措施的设计要求较高
	🌱	受自然条件影响，在屋顶种植的植物蒸腾速率更快，需水量较大，对灌溉蓄水措施的设计有一定要求
空间环境特殊条件	🚧	屋顶若边界维护措施设计不当，存在老年人坠楼的风险，危险性比地面高
	🔧	部分屋顶存在一些管道设备，会占用一定空间，产生一些气味或声音，布置不好可能会影响活动开展
	🪜	因屋面构造要求及防水要求，屋顶地面与相邻室内地面之间容易形成高差，对通行带来一定阻碍
	🌱	屋顶的覆土条件受限，植物的种植基盘特殊，适宜的种植形式及植物类型有限

屋顶花园的常见设计问题

▶ 屋顶花园的五个常见设计问题

如前所述，屋顶在自然环境及空间环境方面的一些特殊性，使设计和建造花园本身就面临许多难点。而调研访谈得知，许多养老设施的屋顶花园在设计时未充分注意这些难点；加之一些设施的屋顶花园是在运营过程中自行改造加建的，缺少专业人员的针对性设计。这些原因导致屋顶花园在使用时暴露了若干设计问题，主要包括以下五个方面（表3.3.2）。

屋顶花园的常见设计问题示例 表3.3.2

① 缺少必要的遮阳避风设施	② 不方便到达	③ 边界维护措施的安全性考虑不足
屋顶花园在设计时未充分考虑暴晒、狂风等特殊的自然环境条件，未设置必要的遮阳避风设施，降低了空间的使用率和舒适性	屋顶花园附近未布置电梯，老年人无法便利到达；或因屋顶与室内存在高差，导致使用轮椅的老年人进出不便	屋顶花园的边界维护措施设计不当，围栏高度不够或围挡形式不对，存在老年人攀爬翻越而掉落的危险

屋顶未设遮阳设施，老年人只能坐在楼体自遮阳的阴影区活动，空间利用率低	屋顶与室内存在高差，设置了几步台阶，使用轮椅的老年人进出不便	屋顶女儿墙较矮，座椅布置在围栏边，老年人可能会攀爬座椅而翻越围栏

④ 未解决构造难点导致屋顶漏水	⑤ 缺少细节设计	
在设计屋顶花园时未考虑排水、蓄水及构造要求，或建造过程中施工不当，造成屋顶排水不畅，甚至破坏屋顶防水层导致漏水，影响花园本身及下层空间的使用	屋顶花园在一些设计细节方面存在问题：例如未布置植物修剪、灌溉，清洁打扫等工具的储藏间，各类工具散落在地，可能会绊倒老年人；地面铺装选择不当，强光下存在眩光问题等	

屋顶花园漏水导致下层建筑墙面损坏	屋顶未设工具储藏间，灌溉水管乱放，存在绊倒老年人的风险	屋顶铺地材质不当，强光下易产生眩光，造成眼部不适

屋顶花园的布置原则

▶ 综合考虑位置特征和功能定位布置屋顶花园

屋顶的位置特征，如可达性、临近空间的功能属性等会影响花园的功能定位，例如临近认知症组团的屋顶，可布置成认知症组团专属屋顶花园；同时，花园的功能定位对屋顶的位置也有一定要求，例如面向设施所有老年人的公共屋顶花园，屋顶需临近公共电梯，以便各层老年人到达。设计屋顶花园时需综合考虑其位置特征和功能定位这两方面因素，来确定花园的使用对象，从而进行功能配置和空间设计（图3.3.2）。

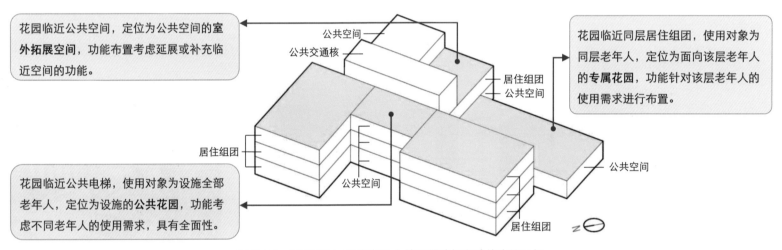

花园临近公共空间，定位为公共空间的**室外拓展空间**，功能布置考虑延展或补充临近空间的功能。

花园临近同层居住组团，使用对象为同层老年人，定位为面向该层老年人的**专属花园**，功能针对该层老年人的使用需求进行布置。

花园临近公共电梯，使用对象为设施全部老年人，定位为设施的**公共花园**，功能考虑不同老年人的使用需求，具有全面性。

图 3.3.2　屋顶花园（绿色部分）的位置特征和功能定位示例

▶ 基于使用需求确定相应的功能配置

根据屋顶花园常见的活动类型，可将其空间使用需求归纳为活动、休憩、观赏及后勤需求。表3.3.3给出了为满足各类使用需求而设的常见设施设备及功能要素。不同屋顶花园可根据使用需求从表中选择配置。

屋顶花园的使用需求及常见的功能配置　　　　表 3.3.3

使用需求	具体内容	常见的功能配置
活动	散步、跳舞做操、康复训练、种植、祷告……	散步道 *、活动场地（硬质铺地）、康复训练器材、菜园、种植箱、信仰角等
休憩	休息、晒太阳、聊天交流……	座椅 *、遮阳（避雨）设施 *、桌子（茶几）、休息凉亭等
观赏	赏花、五感刺激……	软景观 *：草地、花箱、树池、水景等
后勤	储藏、浇灌、晾晒……	水池（上下水点）*、晾衣架、工具储藏间、卫生间等

注：其中标注 * 的为最常见的设施设备及功能要素，一般在屋顶花园中都会考虑配置。

屋顶花园的布置示例

▶ 面向设施全部老年人的园艺花园布置示例

该屋顶花园定位为面向整个设施的园艺花园，位于建筑顶层退台，临近公共活动空间，花园是该活动空间的室外拓展区。主要使用需求包括园艺劳动及室外活动。为此，花园配置了园艺操作区及棚下活动区两大功能区（图3.3.3），各功能区的布置要点如下：

① 设园艺操作区满足园艺劳动需求

花园的主要区域布置了各种形式的花池、种植箱，便于不同身体条件的老年人站姿、坐姿进行种植操作，满足不同的园艺劳动需求。

② 临近出入口设桌椅以开展活动

临近出入口布置桌椅，供老年人休憩聊天、开展手工活动；设置遮阳避雨的棚架，提供舒适的室外环境，打造室内活动空间的室外延展区。

③ 布置水池便于植物浇灌

布置上下水点，便于园艺操作时用水；水池下方设储藏空间，可储藏园艺操作工具。

④ 花园边界设开敞草坪增加软景观

沿花园边界布置开敞草坪，增加软景观比例；草坪不遮挡视野，老年人可在屋顶远眺赏景。

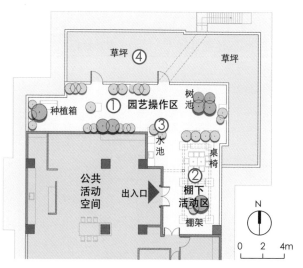

图3.3.3 某屋顶园艺花园功能布置示例

▶ 面向认知症老人的专属花园布置示例

该屋顶花园位于建筑二层露台，临近三个认知症照料单元，花园定位为面向该层认知症老人的专属花园。基于认知症老人的身体条件及活动特点，花园配置了疗愈景观及散步道以满足老年人的室外活动需求（图3.3.4），布置要点如下：

① 设置三个独立出入口便于三个组团的老年人分别进出花园

花园设置了三个出入口，连接三个居住组团的公共起居厅，便于各个组团独立进出花园，互不干扰。

② 布置路径清晰的散步道，便于认知症老人活动时定向

植物围合出路径清晰的散步道，保证认知症老人在花园活动时能知晓全局，避免迷失方向、感到困惑。

③ 沿花园边界种植色彩明艳、品种各异的植物，发挥植物的疗愈作用

种植的植物色彩明艳、芳香四溢，能够刺激老年人的视觉和嗅觉；植物四季更替，可以促进老年人对季节的认知；植物作为花园的边界维护措施，既保障了老年人的安全，又增添了花园的美感。

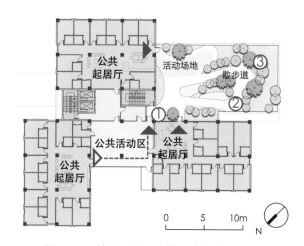

图3.3.4 某屋顶认知症花园功能布置示例

屋顶花园的设计注意事项

▶ **屋顶花园的8个设计注意事项及相关要点**

表3.3.4从保证屋顶花园在使用时的安全、便利、舒适和美观等多个角度，总结了8个注意事项及相应的设计要点，供设计时参考。

屋顶花园设计注意事项和相关要点　　　　　　　　　　　　　　　　表 3.3.4

序号	注意事项	设计目标	设计要点	设计示意
①	边界维护措施	设计兼顾功能及美观的边界维护措施，防止老年人从屋顶跌落	• 花园边界设维护设施，保证老年人不易靠近和翻越； • 维护设施不能太高或太封闭，以免让老年人产生"监禁感"； • 冬季主导风向一侧的维护措施可兼有防风功能	 边界用玻璃栏板围挡，视线通透，减轻封闭感 在边界内侧设花池，防止老年人靠近边界
②	屋顶与室内高差	保证能够无障碍进出屋顶，提高屋顶的可达性	• 为减小屋顶与室内的高差，可考虑进行屋面结构降板处理，但需设置防排水系统； • 高差不可避免时，应设置缓坡坡道，并在出入口处设置休息平台，便于使用轮椅的老年人进出	 屋面降板后室内外高差小，设防排水措施避免雨水倒灌　室内外用坡道连接，且出入口预留缓冲平台
③	视线	功能布局保证视线通透，能方便护理人员随时观察花园内的活动情况，及时发现隐患、排除危险；同时保证老年人可时刻把握花园全局，避免迷失方向	• 功能要素及设施设备按需配置，不盲目追求丰富；平面布局清晰明了，避免出现视觉盲点； • 景观植物的高度和密度不能遮挡视线，花园中部的植物高度建议在视平线以下	 花园分区明确，布局清晰，植物高度、密度得当，视线通透

续表

序号	注意事项	设计目标	设计要点	设计示意
④	微气候条件	考虑特定的风、光环境等微气候条件进行功能分区，提高空间的舒适性	• 利用计算机软件测算屋顶的日照和风环境，了解屋顶的微气候分区； • 通风条件好的阴影覆盖区可作为夏季休憩区；遮挡北风且有阳光的区域可供冬季活动； • 在夏季阳光暴晒区设遮阳设施（如遮阳棚、遮阳伞），在冬季寒风区设避风设施（如风雨廊）	 某养老设施屋顶花园基于对微气候条件的分析，在夏季日照强烈的区域布置了凉亭和廊架，将阴影区布置为休息区域
⑤	植物/软景观	考虑屋顶环境条件和荷载条件选择适宜的植物类型和种植形式，营造美观实用的花园软景观	• 优先考虑耐旱耐风、喜阳耐贫瘠、荷载小的植物品种，保证其在屋顶可存活生长；灌木、绿篱植物、地被植物等为屋顶常见的植物类型； • 不宜选择根系较深、树形较大的植被，以免根系破坏屋顶防水层，导致屋顶漏水； • 建议采用种植池的种植形式，以便日常浇灌打理工作的开展，也可选择可移动的花箱，方便移动，灵活性高； • 常见的屋顶花园软景观比例在 40%~60% 之间，若想提高屋顶空间的花园属性，可将软景观的比例提升至 60%~75%[1]	 选用可移动拆卸式的种植箱，较为灵活，且高度便于老年人站姿操作 种植耐旱、轻荷载的植物；种植池下方留出空间，便于使用轮椅的老年人接近

1　REGNIER V A. Housing Design for an Increasingly Older Population[M]. John Wiley & Sons, Inc., 2018.

续表

序号	注意事项	设计目标	设计要点	设计示意
⑥	后勤需求	充分考虑后勤使用需求进行功能配置，以方便后勤工作的开展	• 布置上下水点方便浇灌植物时用水； • 设置储藏柜/空间，以便储藏打扫清洁及浇灌用具； • 协调后勤区与老年人使用空间的位置关系，例如当屋顶设晾晒场地时，应与活动空间有一定距离或中间设遮挡设施（如植物），以免晾晒的衣物干扰老年人活动	 屋顶布置上下水点，供灌溉使用；水池下方设储藏空间，用于储存清洁打扫及浇灌用具　　屋顶设单独的衣物晾晒区，远离老年人活动区，防止干扰老年人活动
⑦	地面材质	选择防眩光材质，避免屋顶在强光照射下产生眩光，给老年人带来不适的感受	• 大面积材料如地面铺装宜选择漫反射材质，防止眩光，常见的地面铺材有透水砖、透水地坪、花岗石、防腐木等	 屋顶铺地选用漫反射木材，既不会产生眩光，又能营造温馨感
⑧	管道设备	妥善处理屋顶管道设备与活动空间的关系，避免相互干扰	• 活动场地应尽量避开管道设备多的位置，保证设备不易被老年人接近，且方便工作人员维修检查； • 设备不可避免时可采取加高通风管并设净化气体装置等手段，避免气体污染活动空间	 加高屋顶通风管并设净化气体装置　　巧妙结合屋顶的通风管道设置遮阳廊架

公共屋顶花园的设计实例分析

▶ 基本信息

公共屋顶花园设计实例基本信息	表 3.3.5
所属养老设施概况	我国北京某综合型养老设施
设计背景	设施设计之初的室外空间面积较少，运营过程中将屋顶改建为花园
位置	三层裙房屋顶，附近设有公共电梯
屋顶面积	1400m²
使用对象	设施全部老年人，共 250 人，包括自理、半失能及认知症老人

▶ 功能定位及使用需求

花园定位为面向设施全部老年人的综合型公共花园。该屋顶花园的使用需求包括以下三点：

- 不同形式的活动需求，如散步、晒太阳、聊天、器械运动、园艺种植等；

- 不同老年人的活动需求，尤其是认知症老人需要单独的活动区；

- 不同气候条件下的活动需求，需要遮阳避风的室外活动空间。

▶ 功能布局及平面分析

花园分为东西两大片区，东区主要为自理老人使用，设有散步道、凉亭等；西区主要为护理老人（尤其是认知症老人）使用，设有集体活动广场，私密聊天角等。图 3.3.5 展示了该屋顶花园的平面布局及设计要点。

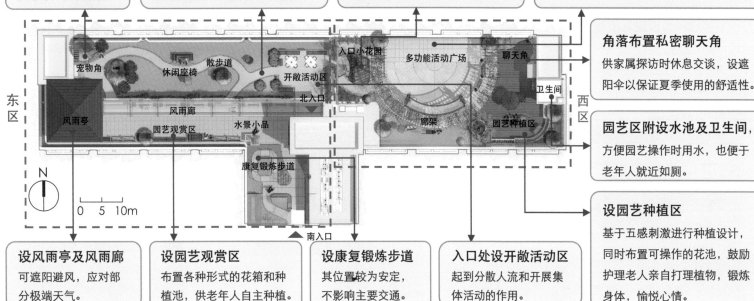

图 3.3.5　公共屋顶花园平面布局及要点分析

专属屋顶花园的设计实例分析

▶ 基本信息

专属屋顶花园设计实例基本信息 表 3.3.6

所属养老设施概况	日本大阪某护理型老年公寓
设计背景	设施共布置了 3 处屋顶花园以满足不同老年人的使用需求，本花园为自理老人的专属花园
位置	十二层屋顶退台，与十二层自理组团的主走廊相连
屋顶面积	350m²
使用对象	十二层的 36 位自理老人

▶ 功能定位及使用需求

该花园定位为面向自理组团的专属花园。

花园的使用需求主要为同层自理老人的室外活动需求，包括康复锻炼、休闲散步、独处静坐、园艺种植等，其功能配置如图 3.3.6 所示。

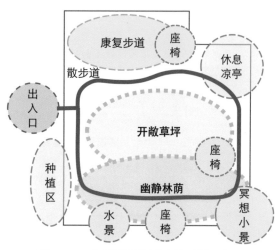

图 3.3.6 专属屋顶花园功能配置示意图

▶ 功能布局及平面分析

花园的主体部分由两大功能区构成：开敞草坪区与幽静林荫区（图 3.3.7），前者为老年人散步锻炼、观赏花园提供较为开敞的室外环境；后者营造了幽静的氛围，为老年人静思休息提供独处空间。

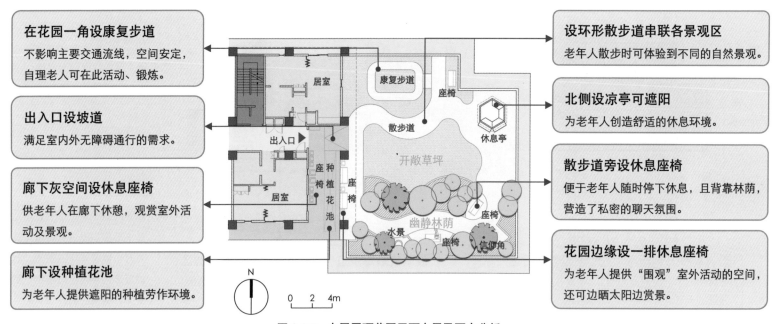

在花园一角设康复步道
不影响主要交通流线，空间安定，自理老人可在此活动、锻炼。

出入口设坡道
满足室内外无障碍通行的需求。

廊下灰空间设休息座椅
供老年人在廊下休憩，观赏室外活动及景观。

廊下设种植花池
为老年人提供遮阳的种植劳作环境。

设环形散步道串联各景观区
老年人散步时可体验到不同的自然景观。

北侧设凉亭可遮阳
为老年人创造舒适的休息环境。

散步道旁设休息座椅
便于老年人随时停下休息，且背靠林荫，营造了私密的聊天氛围。

花园边缘设一排休息座椅
为老年人提供"围观"室外活动的空间，还可边晒太阳边赏景。

图 3.3.7 专属屋顶花园平面布局及要点分析

▶ 设计特色

该屋顶花园在自然环境营造，细节设计等方面具有很多巧思（表 3.3.7），倍受入住老人喜爱，相关设计经验值得参考借鉴。

屋顶花园的设计特色   表 3.3.7

特色① 创造丰富的自然景观元素	**开敞草坪**为老年人提供远眺群山的开阔视野	**幽静林荫**形成围合空间，营造具有私密感、安全感的环境	**微型水景**为景观增添生机，可供老年人触碰感知	**小尺度花园**的植物色彩明快，给老年人带来视觉刺激

	丰富的自然景观元素让老年人陶冶情操			

特色② 打造贴心的细节设计	廊下布置了**休息座椅**，让老年人在遮阳避雨的环境下休憩赏景	室内外过渡空间布置了**可移动花箱**，保证老年人能在遮阳避雨的环境下种植劳作；花箱可移动，便于植物获得所需的自然环境	**康复步道**设有凹凸的卵石路面，在保证安全的前提下，自理老人在锻炼的同时可按摩足底，放松身心

	贴心的细节设计让老年人使用时更舒适便利		

特色③ 布置精巧的景观小品	花园内布置了各式各样的景观节点，搭配趣味装置及小品摆设，精致小巧，可以吸引老年人的注意力，激发兴趣、陶冶情操；小品兼作路标，为老年人寻路提供记忆点	    
	各式各样的景观小品为老年人的生活增添惊喜	

项目基本信息：

项目名称：长友养生村

项目位置：北京市朝阳区东坝郊野公园西侧

开发单位：北京长者友善养老投资管理有限公司

景观设计主创团队：周燕珉、丁　佳、聂长鑫、陈之曦
　　　　　　　　　李　鹏、李进学、李佳婧

设计时间：2017.02—2018.02

开业时间：2018.06

综合经济技术指标：

总规划用地面积：39206m²

总建筑面积：42235m²

建筑层数：地上3层

总床位数：637张（养老公寓515张、认知症照料中心122张）

建筑占地面积：14200m²

景观设计面积：25006m²

第4节

长友养生村室外环境设计实例分析

项目概况

▶ 项目定位

该项目定位为集自理生活区（针对自理老人）、认知症照料中心（针对认知症老人）及社区服务中心为一体的综合型养老社区。

▶ 室外环境整体说明

主景观区位于自理生活区中部，最宽处宽度约 170m，进深约 110m，面积约 9700m²，是自理老人的主要活动区域（图 3.4.1）。

认知症花园位于认知症照料中心的西南侧，面积约 850m²，是该楼栋的专属花园。

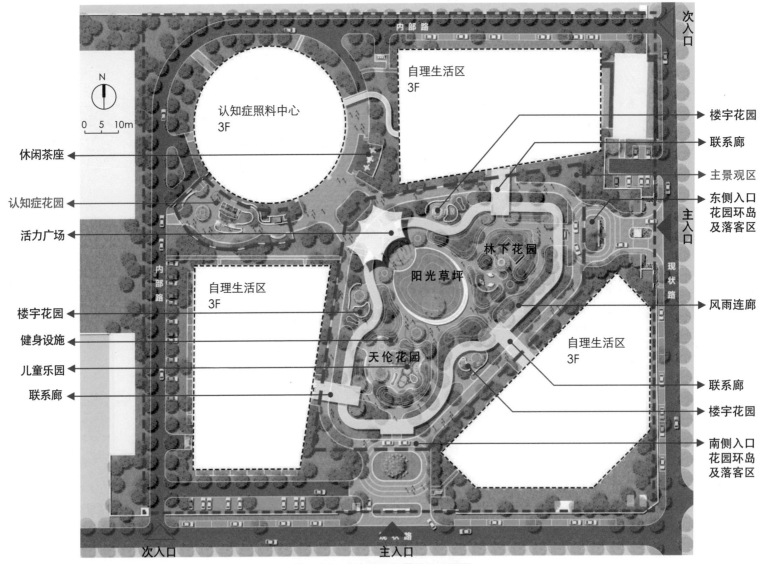

图 3.4.1　长友养生村景观总平面图

室外环境功能布局分析

▶ 设置多个不同主题的花园

该景观区设计有多种主题的花园，包括认知症花园、楼宇花园、天伦花园、阳光草坪、林下花园、入口花园等。主题花园各具特色、层次丰富，可满足不同使用者的各类使用需求，为使用者提供了多种选择（图3.4.2）。

① 认知症花园：
　　专属花园
是专供认知症老人使用的围合式花园；紧邻认知症照料中心入口，便于老年人在护理人员带领下开展户外活动。

② 活力广场：集体活动
为自理生活区的老年人提供平整开阔、带有遮阴顶棚的活动场地，可用于舞蹈、健身等集体活动。

③ 阳光草坪：开阔视野
位于主景观区的中心。从空间特点来看，主景观区被三栋楼围合，形成向心型的视觉焦点。草坪位于视线焦点处，成为视觉的舒缓区域，保证了楼栋间的视野开阔。

④ 天伦花园：老幼同乐
天伦花园位于阳光充足、通风良好的舒适区域，兼具老年人锻炼与儿童玩乐的功能。既满足了家庭探访者的需求，又满足了老年人希望与儿孙同乐的精神需求。

⑤ 入口花园：交通地标
两处入口花园分别位于两个主要交通出入口处，设计有不同主题的景观岛，起到地标性作用。

⑦ 楼宇花园：邻里互动
靠近三栋自理楼栋的入口处分别设置了楼宇花园。楼宇花园为临近楼宇中的老年人提供了较为安静、近便的专属花园，也为在内环道路散步的老年人提供了及时的休息空间。

⑥ 林下花园：静谧小憩
林下花园位于主景观区东侧，该区域经过日照计算属于全年光照充足、无阴影遮盖的区域。因此在此处设置了林下花园，夏季茂密的树冠为老年人提供了舒适的纳凉空间，冬季树叶脱落后日照充足，为老年人提供了晒太阳的场所，有效地提高了该区域的利用率和舒适度。

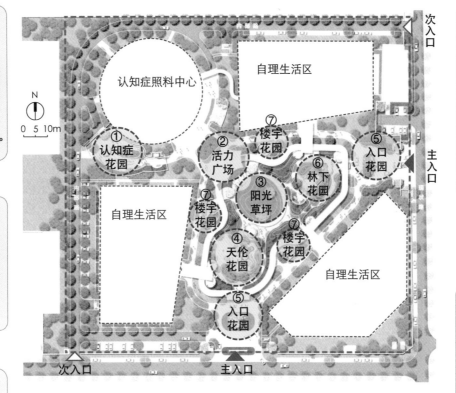

图3.4.2　景观功能和布局分析图

室外环境交通组织分析

▶ 通过人车分流保证主景观区老年人活动的安全

在交通设计上，设施采用了内、外环道路分设的基本格局，为老年人创造人车分流的安全步行空间，体现"重安全"的设计原则。

主景观区日常无车辆进入，以保证区域内老年人散步等活动的安全，特殊情况也可满足消防、急救、访客接送等行车的需求。

主景观区内设置仅供步行使用的风雨连廊和景观散步道：风雨连廊连接到各楼栋出入口，保障了老年人在雨雪天气也能安全地散步；景观散步道串联了区域内的三大主题花园，步移景异，为老年人提供了丰富的游园体验（图3.4.3）。

外侧道路：人车分流

外侧道路可满足消防、访客、急救、垃圾、货运等车行的功能需求。

通过将外侧道路设置为车行道路以实现人车分流的目标，保证了主景观区内老年人的活动不受车行干扰。

内环道路：紧急救护

内环道路连通了自理生活区三栋楼的出入口，可供搬家、接送行动不便的老年人、消防和紧急救护使用。

内环道路日常禁止车辆驶入，实现了人车分流，保证了老年人活动的安全。

景观散步道：体验丰富

主景观区的散步道串联了林下花园、阳光草坪和天伦花园这三大主题花园，从静谧的树林到宽阔的草坪，再到欢声笑语的儿童乐园，景致变化多样，为老年人提供了丰富的游玩体验。

风雨连廊：出行无阻

风雨连廊是主景观区的环形散步道，连接了各主题花园和楼宇花园，设计有遮阳顶棚，为户外活动的老年人提供遮阳避雨的空间。

风雨连廊与入口花园的衔接处设计有落客区，保证了雨雪天气出入的连贯性。

风雨连廊与各楼栋的出入口处设计有联系廊，为老年人或工作人员在雨雪天气出行提供了全面的安全保障（图3.4.4）。

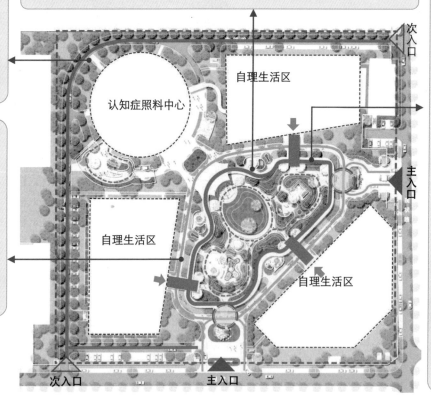

图3.4.4　风雨连廊和联系廊

图例：　━━ 外侧道路　━━ 内环道路　━━ 风雨连廊　- - 散步道　➡ 楼栋出入口　▬ 衔接建筑入口的联系廊　◎ 落客区

图 3.4.3　交通组织分析图

室外环境设计特色分析 ①
设置专属的楼宇花园

▶ **为各楼栋设置专属的花园，并与风雨连廊共用空间**

楼宇花园专为临近楼栋的老年人设置，紧邻各楼栋出入口和内环道路，便于老年人进出（图 3.4.5）。花园可满足 6~10 人的小组锻炼或交流的需求，为临近楼栋的老年人提供了便捷的休憩活动空间（图 3.4.6）。

楼宇花园与风雨连廊共用一处廊下空间，一方面扩大了楼宇花园的使用空间，为老年人创造了可遮阳挡雨的纳凉场所（图 3.4.7）；另一方面在风雨连廊里散步的老年人和在楼宇花园中活动的老年人可以互相看到，形成邻里交流的感觉（图 3.4.8）。

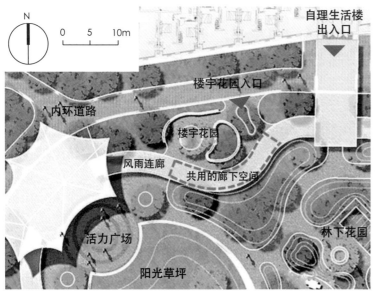

图 3.4.5　楼宇花园和风雨连廊平面图

图 3.4.7　风雨连廊为楼宇花园创造纳凉区

廊下设有座椅，与楼宇花园共同围合成停留空间。

与内环道路连通，便于老年人进出。

图 3.4.6　楼宇花园效果图

图 3.4.8　楼宇花园与风雨连廊相互连通，创造邻里交流契机

室外环境设计特色分析 ②
设置认知症老人的专属花园

▶ 认知症花园帮助认知症老人疗愈身心

认知症花园是为认知症照料中心配备的专属花园，希望通过感官刺激帮助认知症老人疗愈身心（图 3.4.9）。

自然元素中的五感刺激（包括视觉、听觉、嗅觉、味觉、触觉）能使老年人放松身心、缓解认知衰退带来的紧张和焦虑；基于五感刺激开展的相关活动可以帮助老年人获得快乐与成就感（图 3.4.10）。例如，位于场地中心的花架拱廊能使老年人在散步的过程中近距离地接触到花卉，通过视觉、嗅觉和触觉的多重刺激愉悦身心（图 3.4.11、图 3.4.12）。

入口花架

花架与出入口结合可以达到隐藏和修饰出入口的效果，避免老年人想要出走；另一方面植物的芳香增添了嗅觉刺激。

种植与手工休憩区

种植区呈L形，围绕手工休憩区布置。种植花箱为浅盘的形式，下部留空便于坐姿或者乘坐轮椅的老年人操作。设有桌椅的手工休憩区便于开展各类园艺活动，锻炼老年人动手能力，激发成就感。

听觉

利用建筑朝向室外的通风口设置竹子种植池，并在其中悬挂风铃，竹子摇晃与风铃的声音构成了听觉体验。

触觉

绿色拱廊种植葫芦，葫芦富有绒毛的叶子与结成的果实形成了有趣的触觉体验。

味觉和嗅觉

浅盘中种植带有香味的玉簪，以及蔬果、香料，为老年人提供了嗅觉和味觉的刺激。

视觉

位于建筑出入口处的植物组团点缀有元宝枫及宿根花卉，三季均有变化，形成丰富的视觉体验。

图 3.4.10　认知症花园中的五感刺激

阳光休憩区

小型活动广场便于开展做操等集体活动，周边设有休息交流空间。

花架拱廊

被花架拱廊覆盖的散步道可以使老年人近距离接触到花卉。

观鱼池

提供了水的触感，以及鱼游的视觉乐趣。

宠物角

可饲养兔子、鸡、鸟等宠物，通过与宠物互动或照料宠物，调动老年人的情感与生活的热情。

图 3.4.9　认知症花园平面图

图 3.4.11　散步道两旁种植丰富的植被

图 3.4.12　种植区与种植池实景图

室外环境设计特色分析 ③
设置老幼同乐的天伦花园

▶ **天伦花园为老年人创造了与儿童共同活动的空间**

天伦花园是由老年人健身区和儿童游乐区共同组成的活动场地。老年人可以在健身的同时看到儿童嬉戏玩耍，感受到天伦之乐，获得更多的快乐和满足（图3.4.13~图3.4.15）。

划分两个活动区域

一侧是供老年人健身休闲的区域；另一侧是为探访家属设计的儿童活动乐园。

创造老幼同乐的活动空间

两个活动区通过树池座椅划分，健身区域的老年人可以看到嬉戏的儿童，锻炼休闲的同时增添了亲子趣味。休息座椅兼作低矮的隔断，使儿童活动区域相对独立，避免了儿童追跑冲撞到老年人。

花园外侧设置了绿植隔离带

既保障了儿童活动的安全，又为家长、孩子提供了阴凉的休憩空间，提升了空间的舒适性。

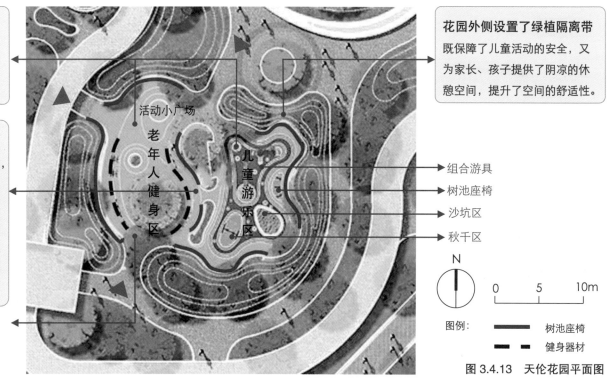

活动小广场

老年人健身区

儿童游乐区

组合游具

树池座椅

沙坑区

秋千区

老年人健身设施

N

0　　5　　10m

图例：
—— 树池座椅
- - - 健身器材

图3.4.13　天伦花园平面图

环形扶手

按摩步道

图3.4.14　老年人健身区设置卵石按摩步道

儿童区周边设置长条座椅，为陪伴看护的家长提供休息设施。

图3.4.15　组合游具满足儿童社交活动需求

项目基本信息：

项目名称：优居壹佰养生公寓

项目位置：中国江苏省张家港市

开发单位：江苏省张家港市澳洋置业公司

景观设计主创团队：周燕珉、李云鹏、丁　佳、
　　　　　　　　　陈之曦、李广龙

设计时间：2014.08—2015.02

开业时间：2015.10

综合经济技术指标：

总规划用地面积：18661m²

总建筑面积：56000m²

建筑层数：地上 15 层，地下 1 层

总居室数：66 间护理居室及 348 套自理公寓

建筑占地面积：6475m²

景观设计面积：12186m²

第 5 节

优居壹佰养生公寓
室外环境设计
实例分析

项目概况

▶ **项目定位**

该项目定位为集老年公寓和老年养护院为一体的、具备可持续养老服务能力的大型综合养老服务设施。项目可为自理老人、（半）失能老人和认知症老人提供针对性的生活照料。

▶ **室外环境概况**

① 中央景观庭院：位于优居壹佰养生公寓的西侧，利用中部完整的室外空间打造广场与园林相结合的核心景观活动区，长宽各约 66m，占地约 4356m²（图 3.5.1、图 3.5.5）。

② 北楼架空层休闲区：利用架空层设置了茶座、钓鱼池、儿童游乐设施和健身器材等多种休闲娱乐设施（图 3.5.2）。

③ 东楼屋顶花园：利用主楼的屋顶设置休闲座椅、种植池、小广场等设施，为东楼老年养护院的老年人提供了近便的室外活动场地（图 3.5.3）。

④ 主楼内庭院：在主楼内部设置庭院，既为建筑提供了采光，又为老年人提供了便利易达的室外空间（图 3.5.4）。

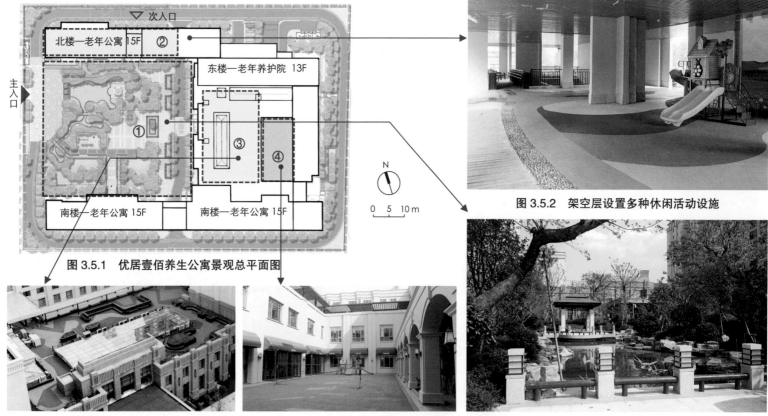

图 3.5.1　优居壹佰养生公寓景观总平面图

图 3.5.2　架空层设置多种休闲活动设施

图 3.5.3　屋顶花园为东楼养护院提供了便利

图 3.5.4　内庭院为主楼内部空间提供了自然采光

图 3.5.5　中央景观庭院内设置中式园林

室外环境功能布局分析

▶ 广场与园林呈多层次交替分布

- 中央景观庭院由多个不同功能的小广场和园林空间交替分布而成，使场地呈现出丰富有趣的空间状态。广场按位置和使用对象的不同可分为：入口广场、活动广场、楼前广场和儿童广场等，分别具备不同的形式和功能。

- 园林景观以"四水归堂"为主题展开，散布在各小广场之间，与多样的林间小路构成了有趣的"亲自然"体验。

- 利用建筑和构筑物下的灰空间作为廊下活动区，为老年人提供了充分的过渡空间，便于在不同天气条件下开展活动。

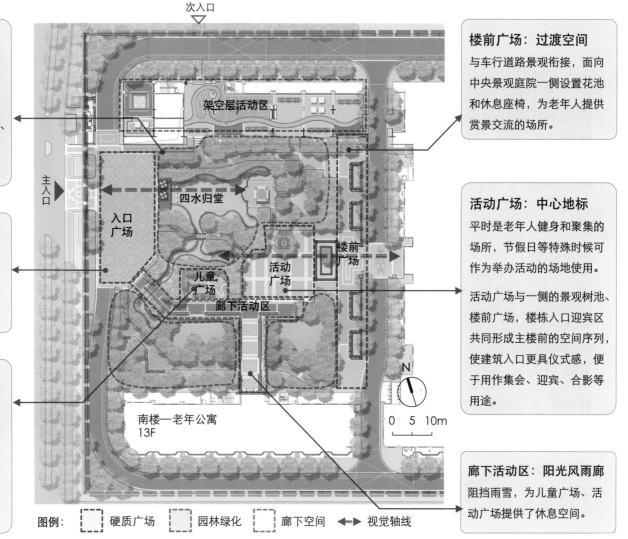

四水归堂：统领全园
是中央景观庭院中最主体的园林，蜿蜒的水面将人的视线引入中央庭院内部，软景串联起入口广场、儿童广场、活动广场，及楼前广场四个主要活动场地。

入口广场：分时段多用
平时可供老年人健身跳舞使用；在节假日等来访车辆较多的时候，入口广场可作为临时停车场使用。

儿童广场：老幼共用
位于活动广场和入口广场之间，由植被间隔开，保证了相对的独立性。临近的风雨连廊设置有座椅，便于家长或老年人在休息的同时看护儿童玩耍。

楼前广场：过渡空间
与车行道路景观衔接，面向中央景观庭院一侧设置花池和休息座椅，为老年人提供赏景交流的场所。

活动广场：中心地标
平时是老年人健身和聚集的场所，节假日等特殊时候可作为举办活动的场地使用。

活动广场与一侧的景观树池、楼前广场，楼栋入口迎宾区共同形成主楼前的空间序列，使建筑入口更具仪式感，便于用作集会、迎宾、合影等用途。

廊下活动区：阳光风雨廊
阻挡雨雪，为儿童广场、活动广场提供了休息空间。

次入口

架空层活动区

四水归堂

主入口

入口广场

儿童广场

活动广场

楼前广场

廊下活动区

南楼—老年公寓
13F

N

0　5　10m

图例：　□ 硬质广场　□ 园林绿化　□ 廊下空间　◄─► 视觉轴线

图 3.5.6　优居壹佰养生公寓中央景观庭院平面图

室外环境交通组织分析

▶ 中央景观庭院设置多样化道路

- 中央景观庭院的外围设置有较宽的环形健步道，长而循环的步道便于有健身习惯的老年人散步、跑步（图3.5.8）。

- "四水归堂"园林内部设置的林间小路（图3.5.9），连接了入口广场、活动广场，以及观景亭等景观节点（图3.5.10），使老年人在园中活动时有多条路径可以选择，增加了游赏体验的多样性，也更加便于老年人随时调整锻炼计划。

- 不同的道路与蜿蜒的水系交汇处设置多种形式的小桥，提升了景观的趣味性，也为中央庭院带来了层次丰富的视觉感受。小桥上的栏杆和座椅设计充分考虑了老年人的观景需求，在保证安全的前提下创造更适宜的观景条件（图3.5.7、图3.5.11）。

图 3.5.8　路面宽而平坦的环形健步道

图 3.5.11　小桥设置低矮栏杆，不遮挡景观视线

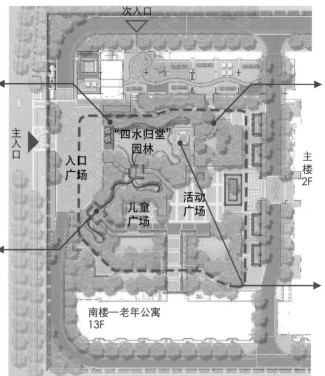

图例：
- ▬ ▬ ▬ 环形健步道
- ─── 水系
- ---- 林间小路
- 🔲 桥

0　　15　　30m

N

图 3.5.7　中央景观区交通组织图

图 3.5.9　静谧林间小路

图 3.5.10　林间小路与凉亭连接

室外环境设计特色分析 ①
设置功能丰富的廊下空间

▶ **利用架空层设置功能丰富的活动场地**

北楼老年公寓的一层设计为南方地区较为常见的架空层形式（图 3.5.12）。这种半室外空间既具有良好的通风性又起到了遮阴和避雨的作用，非常适合在夏季开展室外活动。在空间布局上，利用建筑长边设置东西向的散步道，步道两侧设置有休闲区（图 3.5.13）、健身器械区（图 3.5.14）、儿童游乐区（图 3.5.15）等多样的活动空间，西端还设置了观赏鱼池和棋牌区（图 3.5.16），为老年人的户外活动提供了丰富的选择。

图 3.5.14 可供老年人锻炼的多种健身器材

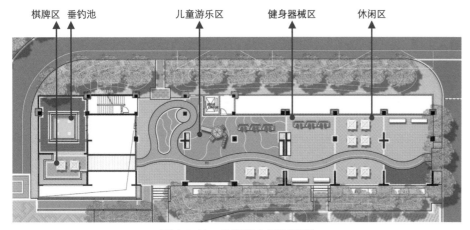

图 3.5.12 北楼架空层平面图

图 3.5.15 可供儿童玩耍的组合游具

图 3.5.13 阳光休闲区

图 3.5.16 观赏鱼池和棋牌区

室外环境设计特色分析 ②

设置多功能广场

▶ 入口广场承担落客、停车等功能

入口广场是该项目主入口的景观广场，西侧紧邻车行道路，东侧与多条进入到中央景观庭院内部的道路相连（图 3.5.17），访客可将车辆停放在广场上，通过园林道路到达各楼栋。道路入口位置设置标识牌，为访客、参观人员、老年人等提供了指示说明。正对入口方向设置 LED 显示屏幕，展示公寓动态或欢迎标语等相关信息（图 3.5.18）。

图 3.5.17　入口广场和活动广场的分布位置

图 3.5.18　入口广场设置显示屏与标识牌，并可临时停放车辆

▶ 活动广场可满足各类集体活动需求

活动广场与风雨廊及多条散步道相连，便于各楼栋老年人到达。活动广场形态方正，常用于开展做操、健身、舞蹈等室外集体活动（图 3.5.19），也可用于开展大型的集会和节庆活动（图 3.5.20），为项目提供了灵活多用的室外活动空间。

图 3.5.19　活动广场可用于老年人的日常户外活动

图 3.5.20　活动广场可用于节日庆典的举办

室外环境设计特色分析 ③
设置可双侧通行的单檐连廊

▶ 风雨连廊兼作通道与休憩空间

▷ 中部立柱、两侧挑檐，形成双通道

如图 3.5.21 所示，风雨连廊采用中部立柱、两侧挑檐的形式。连廊面向广场的一侧为宽敞的檐下空间，设置有长椅，可供老年人休息、交流。座椅前方的道路宽度为 2.6m，亦可满足轮椅并行通过的需求。

座椅背面一侧为 1.2m 宽的檐下通行便道，行人可选择从座椅后方便捷地通行及进出楼栋，避免打扰到座椅一侧老年人的休息和活动。

▷ 连廊形式通透，构成活动广场空间的有机延伸

风雨连廊较为宽敞的一侧面向活动广场和儿童广场设置，从视觉上扩大了原有的活动区域，模糊了广场和道路的界限，为锻炼的老年人提供了近便的休息空间，还可同时观看儿童玩耍、老幼互动（图 3.5.22）。

连廊顶部采用透光的玻璃材质，挡雨的同时不挡视线和光线，弱化了廊道的封闭感，使视线更加开敞通透（图 3.5.23）。

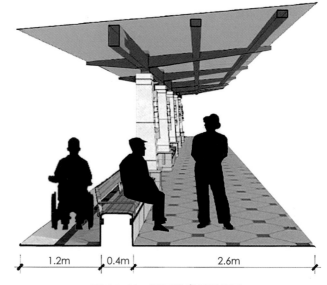

图 3.5.21 风雨连廊剖透视图

图 3.5.22 风雨连廊与儿童广场连通

图 3.5.23 风雨连廊的玻璃采光顶保证视线通透

图片来源

图表编号	图表来源
图 1.2.3、图 2.3.9	由西班牙加泰罗尼亚理工大学尤义斯·布拉沃·法雷（Luis Bravo Farré）教授提供
表 1.3.3（下右一）	由中信资本控股有限公司李辉提供
表 1.4.1	由吉林省建苑设计集团提供
图 1.5.4	由德国德累斯顿大学海因茨·施密克（Heinzpeter Schmieg）教授提供
图 1.6.6	由日本幸朋苑 Health Care Town 提供
图 1.6.9	由瑞典 Löjtnantsgården 养老设施提供
图 1.7.12	由长友养生村提供
图 1.7.14	改绘自日本株式会社コミュニティネット提供的图纸资料
表 2.1.1	广州市老人院网站：http://www.gzlry.com.cn/
图 2.3.38	拍摄于荷兰 TanteLouise 老年康复中心内康复训练步道沿途张贴的说明资料
图 3.1.21	Better Homes and Gardens. Beds & Borders: More Than 90 Plant-By-Number Gardens You Can Grow[M]. Houghton Mifflin Harcourt，2009
图 3.2.4（b）	由江苏省张家港市澳洋优居壹佰老年公寓提供
图 3.2.18	REGNIER V. Housing Design for an Increasingly Older Population: Redefining Assisted Living for the Mentally and Physically Frail[M]. Hoboken, New Jersey: John Wiley & Sons, 2018: 261
图 3.2.42	REGNIER V. Housing Design for an Increasingly Older Population: Redefining Assisted Living for the Mentally and Physically Frail[M]. Hoboken, New Jersey: John Wiley & Sons, 2018: 257
图 3.3.3、图 3.3.7	改绘自日本八千代会メリィハウス西風新都养老设施平面图 设施网站：http://merry-house.jp/merryhouse/seifuushinto/
图 3.3.4	改绘自中国台湾双连三芝安养中心认知症照护专区平面图 设施网站：https://www.slehtaiwan.com/

除以上注明来源的图表外，书中其余图表均为周燕珉工作室拍摄、绘制，如需引用请注明来源。

参考文献

[1] Better Homes and Gardens. Beds & Borders : More Than 90 Plant-by-number Gardens You Can Grow[M]. Houghton Mifflin Harcourt，2009.

[2] VICKERY C G, NYBERG G, WHITEAKER D. Modern Clinic Design : Strategies for an Era of Change[M]. John Wiley & Sons Inc.，2015.

[3] YU J. Hospitals[M]. Design Media Publishing Ltd，2011.

[4] REGNIER V. Housing Design for an Increasingly Older Population[M]. John Wiley & Sons, Inc.，2018.

[5] 陈瑜，周燕珉. 养老设施护理组团的辅助服务空间配置探讨 [J]. 建筑技艺，2019(12)：38-43.

[6] 国家卫生计生委. 国卫医发〔2017〕51 号 关于印发《康复医疗中心、护理中心基本标准和管理规范（试行）》的通知 [EB/OL]. (2017-10-30) [2020-07-04]. http：//www.nhc.gov.cn/yzygj/s3577/201711/fac102fd386a41f1ab545315d7c26045.shtml.

[7] 国家卫生计生委办公厅. 国卫办医发〔2014〕57 号 关于印发《养老机构医务室基本标准（试行）》和《养老机构护理站基本标准（试行）》的通知 [EB/OL]. (2014-10-31) [2020-07-04]. http：//www.gov.cn/xinwen/2014-11/18/content_2780620.htm.

[8] 李广龙. 学术研究探讨：养老设施服务流线设计分析 [J]. 建筑知识，2016，36(05)：96-97.

[9] 李辉. 养老设施餐厨空间设计研究 [D]. 清华大学，2016.

[10] 李佳婧. 养老设施适应性设计研究 [D]. 清华大学，2014.

[11] 李佳婧，周燕珉. 养老设施中辅助服务空间的设计 [J]. 城市建筑，2015(01)：24-26.

[12] 李云鹏. 适老化康复景观设计研究 [D]. 清华大学，2013.

[13] 林婧怡. 老年护理机构的功能空间配置研究 [D]. 清华大学，2011.

[14] 林婧怡. 调研数据看板：养老设施辅助服务空间配置状况及服务模式调研 [J]. 建筑知识，2016，36(05)：94-95.

[15] 林婧怡. 老年护理机构的功能空间配置研究 [D]. 清华大学，2011.

[16] 林文洁，付北平. 医养结合型养老机构医疗用房配置及空间设计研究 [J]. 建筑学报，2018(S1)：34-39.

[17] 全国社会福利服务标准化技术委员会. 老年人能力评估：MZ/T 039—2013[S]. 北京：中国标准出版社，2013.

[18] 民政部. 养老机构管理办法 [EB/OL]. (2013-06-28) [2020-07-04]. http：//www.mca.gov.cn/article/gk/fg/ylfw/201507/20150715848517.shtml.

[19] 秦岭. 设计优化点评：养老设施辅助服务空间设计优化案例 [J]. 建筑知识，2016，36(05)：98-99.

[20] 秦岭. 养老设施医疗康复空间设计研究 [D]. 清华大学，2016.

[21] 雷尼尔. 老龄化时代的居住环境设计：协助生活设施的创新实践 [M]. 秦岭，陈瑜，郑远伟，译. 北京：中国建筑工业出版社，2019.

[22] 卫生部，国家中医药管理局. 卫医发〔2006〕240 号 关于印发《城市社区卫生服务中心、站基本标准》的通知 [EB/OL]. (2006-06-30) [2020-07-04]. http：//www.gov.cn/zwgk/2006-08/10/content_359200.htm.

[23] 卫生部. 卫医政发〔2011〕21 号 关于印发《护理院基本标准（2011 版）》的通知 [EB/OL]. (2011-03-15) [2020-07-04]. http：//www.gov.cn/gzdt/2011-03/21/content_1828316.htm.

[24] 许嘉 . 北京双井恭和苑老年公寓屋顶康复花园设计 [D]. 清华大学, 2018.

[25] 老年人照料设施建筑设计标准：JGJ 450—2018[S]. 北京：中国建筑工业出版社, 2018.

[26] 饮食建筑设计标准：JGJ 64—2017[S]. 北京：中国建筑工业出版社, 2018.

[27] 社区卫生服务中心、站建设标准：建标 163—2013[S]. 北京：中国计划出版社, 2013.

[28] 周燕珉，等 . 养老设施建筑设计详解 1[M]. 北京：中国建筑工业出版社, 2018.

[29] 周燕珉，等 . 养老设施建筑设计详解 2[M]. 北京：中国建筑工业出版社, 2018.

[30] 周燕珉，李广龙 . 打造生活化的养老设施：张家港市澳洋优居壹佰老年公寓设计分析 [J]. 建筑学报, 2015(06)：37-40.

[31] 周燕珉，李广龙，林婧怡 . 北欧养老设施所体现的人性关怀：瑞典斯德哥尔摩 Löjtnantsgården 老人院设计实例分析 [J]. 城市住宅, 2014(09)：15-20.

[32] 周燕珉，刘佳燕 . 居住区户外环境的适老化设计 [J]. 建筑学报, 2013(03)：60-64.

[33] 周燕珉，秦岭 . 适老社区环境营建图集：从 8 个原则到 50 条要点 [M]. 北京：中国建筑工业出版社, 2018.

[34] 朱志华 . 景观适老化设计研究：以丰台泰颐春养老中心为例 [D]. 清华大学, 2017.

致　谢

《养老设施建筑设计详解》第 3 卷的写作和出版得到了各界的大力支持，值此书出版之际，我们心里更多的是感谢。

首先要感谢参与本书编写工作的三十余名团队成员，包括清华大学建筑学院周燕珉工作室的博士后、博士生、硕士生，以及长期从事养老设施建筑设计研究与实践的建筑师。其中，秦岭和林婧怡承担了全书的统筹工作，在图书内容策划、团队人员组织、编写进度控制、稿件质量管理、出版工作对接等方面付出了巨大的努力。李佳婧、陈瑜、李广龙、王春彧、郑远伟、邱婷分别担任各章负责人，积极联络、协调和帮助各章作者推进编写工作。同时，我们还邀请了陈星、袁方和赵亚娇几位具有丰富设计实践经验的建筑师参与了本书部分章节的编写工作。参与各章节编写工作的人员还包括王元明、方芳、丁剑书、陆静、张纬伟、唐大雾、王墨涵、曾卓颖、梁效绯、张昕艺、范子琪等。此外，还有很多学界、业界同仁，以及周燕珉工作室的其他工作人员和在读学生参与了本书的资料收集、技术咨询、内容审查、出版校对等工作，通过各自不同的方式为本书编写提供了大力支持和无私帮助，由于篇幅所限，不能一一感谢。本书是编写团队全体成员集体智慧的结晶，在长达两年多的编写过程当中，为确保本书如期付梓，编写团队全体成员始终保持着极大的热忱，付出了艰辛的努力，本书的出版面世是对他们最大的肯定。

感谢赵良羚老师、乌丹星老师、赵晓征老师、关晓立老师等行业专家。长期以来，几位老师一直是我们了解养老行业、走近养老设施项目设计实践与运营一线的引路人，经常通过参观调研、讲座授课、座谈研讨等形式，向我们传授养老设施建筑设计与运营管理的知识和经验。特别是在本书的编写过程当中，针对编写团队存在的知识盲区和认识误区，几位老师给予了耐心地讲解，并为我们开展更加深入的研究创造了宝贵的调研机会，为我们高质量完成本书的编写工作提供了重要的支持。

感谢美国南加州大学维克托·雷尼尔教授（Prof. Victor Regnier）、西班牙加泰罗尼亚理工大学尤义斯·布拉沃·法雷教授（Prof. Luis Bravo Farré）、德国德累斯顿大学海因茨·施密克教授（Prof. Heinzpeter Schmieg）、荷兰生命公寓创始人汉斯·贝克教授（Prof. Hans Becker）、荷兰坦特路易丝（Tante Louise）养老服务公司首席执行官科尼·赫尔德女士（Conny Helder）、日本老年事业与街区营造专家（日本 CN 株式会社原社长）高桥英与先生以及日本 EN+ 株式会社社长、环境情感化设计专家杉本聪惠女士等外国专家和有关机构为我们创造出国考察交流的机会，他们所传达的先进理念，对本书的编写以及后续的研究与实践产生了深远的影响。

感谢北京天华北方建筑设计有限公司、北京港源建筑装饰设计研究院有限公司、上海志贺建筑设计咨询有限公司、深圳市杰恩创意设计股份有限公司为本书编写提供技术和经费支持，特别感谢天华医养副总经理闫锋先生、港源设计总裁丁春亚先生、志贺设计执行董事金清源先生、J&A 杰恩设计总设计师姜峰先生对本书编写给予的宝贵意见。

感谢北京泰颐春养老中心、长友养老服务集团、江苏澳洋优居壹佰养老产业公司、广意集团乐善居颐养院、有颐居中央党校养老照料中心、南京银城君颐东方国际康养社区、首开寸草养老服务公司、乐成养老恭和苑、康语轩老年公寓、泰康之家养老社区、英智康复医院、光大汇晨养老、广州市老人院、杭州朗和国际医养中心、朗诗常青藤养老等养老服务机构及企业为我们提供深入调研的机会，其中许多设施为我们开展长时间的蹲点观察及跟踪调研提供了有力支持。同时，更要感谢我们接触的所有工作在养老设施服务一线的院长和工作人员，在与他们交流的过程当中，我们收获的不仅是宝贵的知识和经验，更多的是感受到他们对于养老事业无私的付出与奉献。

感谢华润置地、蓝城集团天使小镇、中信颐养北京公司、太平洋保险养老产业投资管理有限责任公司、北京首厚康健永安养老有限公司、南京东方颐年健康产业发展有限公司、鑫远集团太湖健康城、广西嘉和置业集团有限公司、今朝装饰、广意医疗科技有限公司乐善居、龙湖集团、中海地产、首开地产、富力地产、碧桂园集团、中天城投集团、北京市民政工业总公司、北京安馨养老产业投资有限公司、新华人寿保险股份有限公司、海尔智家股份有限公司、安康市博元实业有限公司、海南雅居乐房地产开发有限公司、徐州瑞熙养老产业有限公司、徐州东佳置业有限公司、广州市和丰实业投资有限公司，以及重庆市人社局等对笔者团队的信任，通过养老项目的合作，我们得到了宝贵的研究和实践机会，并使工作成果能够落地生根、回馈社会。此外，一并感谢滙张思建筑设计咨询（上海）有限公司、北京弘石嘉业建筑设计有限公司、北京意柏园林设计有限公司、北京同衡能源环境科学研究院有限公司在一些专业设计问题方面与编写团队展开的共同探讨。

感谢民政部养老服务司、住房和城乡建设部标准定额司、中国老龄科学研究中心、北京市民政局、北京市老龄协会、中国老年学和老年医学学会总会和标准化委员会、中国建筑学会适老性建筑学术委员会、北京市朝阳区养老服务行业协会等政府部门和社会团体的大力支持，在百忙之中为编写团队创造难得的会议交流、参观考察和深度访谈机会，与我们无私分享宝贵经验，使我们得以进一步加深对养老设施建筑设计的认知与理解。

另外，本书中的一些图纸和照片来自于与编写团队保持长期合作关系的企业和个人（详见文末"图片来源"），在此一并表示衷心的感谢！

本书的出版得到了国家科学技术学术著作出版基金的资助，以及中国建筑工业出版社长期以来的大力支持。感谢费海玲、焦阳两位责任编辑在基金申请、图书出版等工作方面的辛勤付出。

最后，还要感谢一直关注和支持我们的读者，你们的期待让我们更加明确和相信出版这套图书的意义和价值，成为我们写作的不竭动力。我们一定不负读者的期待，继续努力创作更多更好的作品，回馈给大家。

编写团队全体成员

2020 年于清华园

相关资源

购书链接 >>>

养老设施建筑设计详解1

养老设施建筑设计详解2

老人·家 老年住宅改造
设计集锦

周燕珉工作室 微信公众平台

老龄化时代的居住环境设计
——协助生活设施的创新实践

老年住宅

国内外养老服务设施
建设发展经验研究

国家精品在线开放课程
适老居住空间与环境设计

适老社区环境营建图集
——从8个原则到50条要点

适老家装图集
——从9个原则到60条要点

漫画老年家装

国家精品在线开放课程
住宅精细化设计